引黄灌区泥沙治理与水沙资源优化研究

梅锐锋　张炜　巴图　**编著**

北京工业大学出版社

图书在版编目（CIP）数据

引黄灌区泥沙治理与水沙资源优化研究 / 梅锐锋，张炜，巴图编著 . — 北京：北京工业大学出版社，2022.8

ISBN 978-7-5639-8428-2

Ⅰ．①引… Ⅱ．①梅… ②张… ③巴… Ⅲ．①黄河－灌区－河流泥沙－治理－研究②黄河－灌区－水资源管理－研究 Ⅳ．① TV152② TV213.4

中国版本图书馆 CIP 数据核字（2022）第 170421 号

引黄灌区泥沙治理与水沙资源优化研究
YINHUANGGUANQU NISHA ZHILI YU SHUISHA ZIYUAN YOUHUA YANJIU

编　　著：梅锐锋　张　炜　巴　图
责任编辑：李俊焕
封面设计：知更壹点
出版发行：北京工业大学出版社
　　　　　　（北京市朝阳区平乐园 100 号　邮编：100124）
　　　　　　010-67391722（传真）　bgdcbs@sina.com
经销单位：全国各地新华书店
承印单位：三河市腾飞印务有限公司
开　　本：710 毫米 ×1000 毫米　1/16
印　　张：11.5
字　　数：230 千字
版　　次：2023 年 4 月第 1 版
印　　次：2023 年 4 月第 1 次印刷
标准书号：ISBN 978-7-5639-8428-2
定　　价：72.00 元

作者简介

梅锐锋，生于 1964 年 3 月，河南偃师人。毕业于北京工业大学，现任职于内蒙古自治区水利科学研究院，高级工程师。主要研究方向：智慧水利研究、泥沙清淤与资源化利用及水利工程等。

张炜，生于 1966 年 10 月，内蒙古乌兰察布人。毕业于河海大学，现任职于内蒙古自治区水利科学研究院，正高级工程师。主要研究方向：水文监测管理、水文测验、水量计量、水平衡测试、水文调查勘测等。

巴图，生于 1985 年 3 月，内蒙古呼和浩特人。毕业于内蒙古农业大学，现任职于内蒙古自治区水利科学研究院，高级工程师。主要研究方向：水利工程研究、智慧水利研究、水资源与水环境工程研究。

前　言

黄河是我国第二长河，是西北、华北地区工农业生产和人们生活的重要水源，是我国北方地区最大的供水水源，在我国国民经济和社会发展中具有重要的战略地位，因此黄河水资源的可持续利用是沿黄地区社会经济发展的关键。

黄河以泥沙含量高著称于世，引黄灌区在引水的同时，也把大量的黄河泥沙带进了灌区灌排系统，极大地威胁了引黄灌区灌排工程的运行与管理，巨量黄河泥沙的处理加剧了引黄灌区生态环境的恶化，成为引黄灌区面临的一个重要问题；此外，随着黄河流域工农业的快速发展，黄河水资源日趋紧张，干旱缺水问题已经严重制约引黄灌区经济和社会的发展，如何利用先进技术合理开发利用浅层地下水资源，缓解当前用水紧张的矛盾，有效地控制灌区地下水上升，遏制土壤盐渍化的发生与发展，已成为引黄灌区迫切需要解决的重要问题。基于此，本书对引黄灌区泥沙治理与水沙资源优化展开了系统研究。

全书共七章。第一章为绪论，主要阐述了引黄灌区的发展历程、引黄灌区的发展现状、引黄灌区的自然概况、引黄灌区的水沙特征、引黄灌溉的作用分析等内容；第二章为引黄灌区的泥沙承载力，主要阐述了灌区泥沙承载力指标的确定、灌区泥沙承载力的量化方法、灌区引水引沙能力、渠系分水分沙能力、渠道输水输沙能力、输沉区泥沙调控能力、区域堆沙容纳能力、泥沙资源化利用能力等内容；第三章为引黄灌区泥沙治理与资源优化现状，主要阐述了引黄灌区的泥沙问题、引黄灌区泥沙的资源利用现状、引黄灌区面临的机遇与挑战等内容；第四章为引黄灌区水流泥沙的运动规律，主要阐述了渠道水力特性、糙率系数、非均匀泥沙输移机理等内容；第五章为引黄灌区泥沙淤积的机理及危害，主要阐述了引黄灌区泥沙分布与颗粒组成、引黄灌区泥沙淤积的机理分析、引黄灌区泥沙对环境的危害与防治等内容；第六章为引黄灌区泥沙处理利用的实践案例分析，主要阐述了人民胜利渠灌区泥沙处理利用的实践案例分析、簸箕李引黄灌区泥沙处理利用的实践案例分析、小开河引黄灌区泥沙处理利用的实践案例分析、位山引黄灌区泥沙处理利用的实践案例分析等内容；第七章为引黄灌区水沙资源优化的策略，主要阐述了引黄灌区水沙资源调控的理论与模式、引黄灌区水沙资源配置的技术分析、引黄灌区水沙资源配置的发展方向、引黄灌区生态水资源保护的措施等内容。

笔者在编撰本书的过程中，借鉴了许多前人的研究成果，在此表示衷心的感谢！衷心期待本书在读者的学习生活及工作实践中结出丰硕的果实。

探索知识的道路是永无止境的，本书还存在着许多不足之处，恳请广大读者斧正，以便改进和提高。

目　录

第一章　绪　论

本章分为引黄灌区的发展历程、引黄灌区的发展现状、引黄灌区的自然概况、引黄灌区的水沙特征、引黄灌溉的作用分析五部分，主要包括以引水工程建设为主的建设期、以灌排体系建设和泥沙治理为主的发展期、以灌区节水改造和泥沙远距离输送为主的稳固期、以高效智能节水、水沙科学配置和管理深化改革为主的优化期、引黄灌区发展现状、引黄灌区存在的问题、黄河流域自然概况、典型引黄灌区自然概况、黄河流域水沙特征、引黄灌区水沙特征、促进农业节水灌溉、保证我国粮食安全、促进土地持续利用等内容。

第一节　引黄灌区的发展历程

一、以引水工程建设为主的建设期

新中国成立后，我国根据灌溉规模建设了引黄灌溉工程灌排水配套设施，取得了较好的灌溉效益和除碱效果。1958 年，大批引灌水工程快速建成，但由于管理粗放和缺乏相应的排水措施，因此灌区实行大引大灌后引发了地下水位上升和土壤次生盐碱化问题。这一阶段人们对黄河水沙变化规律和灌溉系统科学了解不深是制约灌溉事业发展的主要因素，灌溉面积和灌溉用水量经过新中国成立初期的快速上升后保持稳中有升态势。

二、以灌排体系建设和泥沙治理为主的发展期

20 世纪 70 年代到 80 年代，随着灌溉引水量的需求不断增大，引黄灌溉事业快速发展，至 1995 年，灌溉面积由新中国成立初的 80 万 hm² （1 hm²= 10 000 m²）增长至 600 多万 hm²。各灌区不断完善灌排一体化工程，开挖了总排干沟、干沟、分干沟和支、斗、农、毛沟，如内蒙古河套灌区 20 世纪 80 年代形

成了灌排骨干工程体系，解决了灌区排水不畅、易涝易碱的问题。各灌区泥沙治理工作逐步开展，发展出了黄河泥沙用于淤改、淤临淤背、建材加工、农林牧渔和生活用土等方面的技术。据统计，到 1990 年的年底，黄河下游地区共采取放淤措施等改良土地 23.2 万 hm²，泥沙综合利用给沿黄相关省（区）带来了可观的经济和环境效益，而灌溉用水量随灌溉面积的扩大不断增长。

三、以灌区节水改造和泥沙远距离输送为主的稳固期

1987 年"八七分水"方案实施后，沿黄各省（区）开展了节水农业研究，各大灌区都探索实施了喷灌、滴灌、井渠双灌等节水灌溉方式和配套改建措施，压减了单位面积耗水量，提高了用水效率和效益。灌溉用水量从 20 世纪 90 年代末开始稳中有降，灌溉取水量占总取水量的比例逐年下降。同时，资源节水、真实节水等概念先后被提出并得到发展，黄河下游灌区还将泥沙处理利用和节水灌溉规划紧密结合，进行泥沙远距离输送，提高了灌溉效率，实现了水沙优化调度。

四、以高效智能节水、水沙科学配置和管理深化改革为主的优化期

近年来，随着建设生态型灌区和可持续发展灌区的需要，引黄灌区的发展进入科技革新、管理深化改革的优化期。灌区节水灌溉由传统的单一工程型节水向与土壤保水、农艺技术结合发展，由单纯节水向节水、节肥、节药一体化发展，由原来以节水高产为目标向以生态优先、高质量发展为目标，由泥沙处理向水资源与泥沙资源联合优化配置转变。同时，引黄灌区逐步深化运行体制管理改革，促进灌区管理方式、基层水利服务体系升级，使黄河流域灌溉向着高质量、智能化、数字化方向发展。

第二节　引黄灌区的发展现状

一、引黄灌区发展现状

（一）引黄灌区工程建设现状

大部分的引黄灌区都修建于 20 世纪六七十年代，经历多年的运行，引黄灌

区为当地社会经济发展发挥了不可替代的巨大作用。然而，引黄灌区的发展存在着许多制约因数。

一是水资源供需矛盾日益突出。由于黄河来水量逐年减少，分配各个灌区的年用水量也随之减少，而各个引黄灌区的年需水量为 4 亿～ 5 亿 m^3，远远不能满足灌区的需水要求，且受分配指标控制，灌区下游分配水量少、周期短，供需矛盾更加突出。

二是大部分引黄灌区由于建成时间早、资金不到位，工程配套差，老化失修严重。灌区田间工程不配套，运行多年来投入维护资金少，工程失修老化严重，无法满足大流量速引、速灌、速停、速排的要求；工程不配套，一方面造成输配水环节水量损失大，水有效利用率低；另一方面计量困难，管理难度加大。

三是泥沙问题。在灌区运行中，泥沙是影响其生存发展的又一制约因素。灌区渠首无沉沙条件，以挖待沉，渠首淤积严重。年复一年的清淤工程耗费了大量的财力、物力。同时，两岸弃土无处放置，环境沙化，给两岸人民生活带来许多困难。因此针对灌区存在的问题，各个引黄灌区都积极争取项目，多渠道筹集资金，进行节水续建配套项目的建设。

（二）引黄灌区资金现状

从灌区外部流入灌区的资金全是国家、省、市财政对灌区的投资，没有其他形式的资金流入灌区，这是灌区资金缺乏的一个主要原因；灌区的内部资金流入（收入）主要是灌区的水费收入，综合经营和其他收入所占的比例比较少，可见，水费是引黄灌区运行和发展的源泉，但是水价的制订达不到成本水价，不能满足灌区发展要求，并且水费的到位率低，使得本来就不足的水费更加匮乏，严重制约引黄灌区的可持续发展。

（三）引黄灌区管理体制现状

地方引黄灌溉管理局都是市水利局下属直属的企业化管理的自收自支事业单位，由他们负责所辖引黄灌区的建设、运行、维修、续建和管理。但是由于各方面的原因，管理体制和运营机制还没有完全摆脱计划经济的模式，灌区建设与管理中的问题随着市场经济的不断完善逐步显露出来，严重制约着灌区的生存和发展。尤其是管理粗放，手段落后，致使水资源浪费严重，再者就是机制不活，人员膨胀，产权不清，职责不明。要实现灌区农业的可持续发展，必须解决好这些问题。

我国的各大引黄灌区在解决管理体制这个问题中，都经历了探索新的管理方法的过程，但是成效并不十分明显。有些灌区在部分地区试采用了农民参与式管理的模式，成立了农民用水者协会的试点。如果农民用水者协会适合引黄灌区的发展，这将是引黄灌区管理体制改革的巨大进步，是引黄灌区可持续发展的管理体制改革的一条捷径。

二、引黄灌区存在的问题

（一）黄河水源短缺

随着社会经济和农业生产的迅猛发展，城市、工业用水和灌区农业需水量不断增加，而灌区农业可供水量却呈连年下降趋势，供需矛盾日益突出，缺水问题正严重制约着灌区的正常运行和发展。

缺水对灌区造成的直接影响，首先表现在灌区效益面积的大幅度衰减。尽管造成效益面积减少的原因是多方面的，但水资源的日渐短缺和黄河水的分配不均也是主要原因之一。

由于缺少地表水和黄河水，停灌地区的地下水大量超采，地下水位连年下降。有些地区的地下水位正以平均 1.2 m/a（a 表示年）的速度下降，地下水的采补平衡受到严重破坏。另外，随着城市工业的发展，所排的工业废弃污染物越来越多，造成了部分地上水源的污染，无法满足农业灌溉用水的要求，这对有限的水资源来说势必又是"雪上加霜"，加之有些灌区灌渠衬砌简陋、渗漏严重，使引黄灌区水源短缺的问题更加严重。

黄河水源的短缺，不仅导致了效益面积的衰减，同时也带来了一系列影响引黄灌区效益正常发挥的间接问题，长此下去，势必动摇引黄灌区可持续发展的基础。

近年来，各个引黄灌区在缓解危机，摆脱困境方面做了大量的工作，也取得了明显的成效。然而，常言道"巧妇难为无米之炊"，引黄灌区效益的实现，必然受"货源"不足的影响。由于引黄灌区多种经营的支柱作用还很脆弱，黄河水源在实现灌区良性运行和可持续发展方面仍起决定性作用。

（二）引黄灌区引水量变化幅度较大

引黄灌区引水量的多少不仅与灌区内种植的农作物需水量有关还与灌区内的降水量和黄河的分配水量有关，因此在灌区农作物需水量、灌区内降水量和黄河分配水量这三个条件的共同作用下，灌区引水量的变化幅度较大。

当灌区中种植的农作物灌溉定额比较高，灌区内降水量较少，而且分配灌区的黄河水量充足的，灌区的引水量较多，甚至超过灌区渠道的设计流量，不仅输水压力会很大，渠道有被冲危险，而且渡槽等建筑物都会有溢溃危险；相反，当灌区内种植的农作物灌溉定额比较低，灌区内降水量较多，而且分配给灌区的黄河水量不足时，灌区的引水量较少，甚至与灌区渠道的设计流量相差较大，渠道内水的流速会变慢，渠道内淤积会很严重。由此可见，灌区引水量变化幅度大对灌区工程的要求特别高，要使灌区工程能够达到输水量过大、过小的要求，必须做好灌区日常的运行、管理工作和灌区工程的维护、维修工作。

（三）灌区工程水土流失严重

引黄灌区工程的显著特点是工程距离长、点多面广。往往骨干渠道的长度达几十公里甚至上百公里，其中可能跨越公路，连接河流、水库，末级渠系遍布乡村耕地，将会破坏原有地貌，占用土地资源，并产生大量弃渣，造成水土流失问题。其水土流失的特点主要有以下几个。

1. 线型工程与点型工程结合，以线型分布为主

灌区工程主要由水源工程（泵站、水闸等）、输配水工程（渠道、管道等）、渠系建筑物（渡槽、倒虹吸、公路桥等）和其他工程（管理道路、管理房等）组成，点多面广，工程种类较多。其中渠道、管道工程的开挖、回填以及临时堆土对地表扰动的影响较为广泛，水土流失主要以线型分布为主。

2. 局部水土流失量大，弃渣影响大

大型灌区尤其是 500 万亩（1 亩 ≈ 666.67 m^2）以上的特大型灌区，其水工建筑物规模较大，在现代化改造过程中会产生大量松散弃渣。渠道和管道工程规模较大，土石方开挖、调运和堆弃扰动了原有的地形地貌，毁坏了植被。施工过程中的临时堆土还会造成滑坡等地质灾害，对渠系周围人民群众的生命财产安全构成威胁。另外，引黄灌区中渠系水泥沙含量大，日常清淤时常将淤泥堆置于渠道两边，加剧了相关危害的发生。

3. 破坏农田表土，降低保土能力

灌区改造工程在项目实施过程中，不可避免地要清除地表覆盖物，毁坏具有滞留水土功能的农田，造成项目区及其周围水土保持能力下降，易诱发风力侵蚀和水力侵蚀,一旦遭遇大风和暴雨,就会使土壤侵蚀强度加大,进而产生较严重的水土流失。同时,大量弃渣使得地表耕作层被埋压,土方开挖中大量富含有机质的土壤被剥离,造成土壤肥力下降,对灌区农业生产造成不良后果。

4. 降低土壤抗侵蚀能力、破坏灌区生态系统

在灌区改造过程中,土方开挖导致土壤的成分和结构遭到破坏,严重影响其透水、抗冲、抗侵蚀等性能,使土壤拦截和蓄积雨水的能力下降。渠道工程施工过程中的扰动,导致施工区域边坡发生剧烈变化,形成大量人工边坡,破坏岩土层原始平衡状态,易造成严重的水土流失。同时,施工过程中对土地的扰动、破坏,改变了灌区范围内原本的生态系统,不仅加剧了土壤侵蚀,也使大自然循环系统受到一定影响。

(四)灌区测水量水设施不够完善

引黄灌区的干、支、斗渠渠首测水量水设施主要存在以下问题。

1. 缺乏经济实用,技术可行的量水设施

目前,我国引黄灌区测水量水多是利用各级渠道及其相应的配套建筑物实施,或利用特设的测水量水建筑物实施,或利用仪器、仪表测水量水。长期以来,在量水设施的开发研制方面过于强调测量精度,导致量水设施成本费用较高、消耗的有效水头较大,未能从根本上解决量水过程中的性价比问题。

2. 缺乏操作简单,易于群众掌握的量水设施

目前研制的各种新型的量水设施不是价格过高就是结构复杂,使用不方便,观测方法程序太多,无法在灌区内普及应用。

3. 缺乏完善的灌区输配水系统

完善的灌区输配水系统是灌区测水量水的前提条件,我国引黄灌区大多是在20世纪兴建的,规划设计不够周密,建设施工过程中普遍存在"三边"现象,渠系标准不高、建筑物配套不全。斗渠以下各级渠道一般是土渠,不具备设置常规测水量水设施的条件,给测水量水工作带来了不便。现有灌区建筑物大多数运行时间都在五六十年以上,加之后期维护不及时,老化失修现象严重。在基础设施配套不全的情况下,量水设施更是寥寥无几,即使有也无法使用。

（五）灌区工程老化、毁坏严重

1. 渠系建筑物的老化、破坏

（1）沉陷、倾斜

我国大部分引黄灌区都修建在 20 世纪中期，由于受当时条件的限制，大部分都没有对渠系建筑物的地质情况进行严谨的勘查，经历了几十年的运行，某些灌区渠系建筑物出现了不均匀沉降，造成了渠系建筑物的沉陷和倾斜。在灌区运行过程中一旦发生基础沉陷，轻则影响正常运用，重则导致破坏甚至倒塌，产生严重的后果。

（2）裂缝

渠系建筑物产生裂缝的原因很多，主要原因是运行时间过长和维护不到位，另外还有其他的原因，归纳起来有以下几种：①温度裂缝。例如，渡槽的立柱、多孔水闸的闸墩、混凝土坝的坝体、大直径管道及桥梁的混凝土栏杆等处所产生的裂缝，多属温度裂缝。这都反映了渠系建筑物本身质量不够，还不能适应温度变化的要求。②不均匀沉陷产生的裂缝。③超负荷的外力造成的裂缝。这种裂缝，常出现于桥梁板及挡土墙的墙面等处，其本身虽然危险性小，但多是建筑物发生破坏的先兆，必须十分注意。发现这种裂缝后，应分析建筑物整体安全问题，采取加固措施，并严禁超载运用。④冻胀破坏形成的裂缝。首先必须消除产生冻胀的原因，对已经出现的裂缝，应当细致填补，防止继续进水，使裂缝扩大。

（3）冲刷与磨损

灌区建成，渠系建筑物投入运用后，常在其上、下游发生不同程度的冲刷，特别是闸、坝、跌水和陡坡的下游及护岸，导流工程中丁坝的坝头和顺坝的坡脚等处，另外，渠系建筑物被高速水流冲刷的部位易发生磨损。随着灌区运行时间的增长，水流对渠系建筑物的冲刷和磨损会造成严重的后果。冲刷和磨损的形式，主要有以下几类：①建筑物进出口的冲刷。建筑物进出口与土渠衔接部分，特别是出口，冲刷较为严重。其主要原因是水流断面缩窄，流速加大，以及土渠和砌护部分糙率不同。②跌水、陡坡下游的冲刷。主要原因是，跌水口单宽流量过大；消力池长度、深度不够或形式不良；出口衔接不当，如渐变段过短、连接不平顺等；③高速水流对建筑物的磨损。陡坡、跌水的陡坡段和陡槽，滚水坝的坝面，进水闸、冲沙闸的闸底等由于长期承受高速水流冲刷，常发生严重磨损。这些冲刷磨损部位在水下，不易被发现，因此，重大建筑物应定期排水检查，以掌握冲刷磨损情况。

2. 闸门、机电设备的老化和破坏

（1）闸门的老化和破坏

闸门是灌溉渠系控制调配水量的主要建筑物，分布面广，操作频繁，必须专人管理，制定操作运用和维修维护制度，严格遵守。闸门一般有木制、钢制闸门，也有用钢丝网水泥制作而成的闸门。不论哪种闸门，都要加强维修维护工作，以延长使用年限。

灌区闸门的主要破坏形式有：腐蚀、锈蚀、渗漏和冰冻破坏。其中，腐蚀和锈蚀的原因都是没有对闸门做好维修、维护、防腐、防锈等措施；渗漏的原因主要是没有做好防漏止水设备的维修维护工作，未使之经常保持完好，要及时更换损坏的止水，并对止水的铁部件进行有效的防锈处理。冰冻破坏的原因主要是冬季运行管理不当，水结冰后，体积膨胀，对闸门施加水平压力，流冰壅高，闸门受力更大，加之冰凌流动，严重磨损闸门，致使闸门各部冻结，导致启闭困难。因此，在严寒地区，冬季应做好闸门防冰工作。

（2）启闭机的破坏

启闭机是提升闸门的设备，灌溉渠道的启闭机一般采用手动形式。启闭机应经常保持完好、清洁、启闭灵活，能准确自如地升降闸门、控制水流。在灌区运行时，维护和维修工作没有及时实施，破坏形式主要是螺杆由于受力不均倾斜弯曲，齿轮、轴承缺乏磨合有异状，刹车维护不及时造成不灵活，甚至止动设备损坏，不及时清理转动部分积尘，各部件油漆脱落与锈蚀等。这些都是在灌区运行过程中，由管理维护不当造成的。如果发现上述任何一种情况，均应及时修理，以保持正常工作状态。

（六）灌区缺乏发展资金

农业的可持续发展是人类生存的生命线，灌区的可持续发展是我国经济社会发展的重要战略资源和可持续发展的极其重要的保证。以灌区的可持续发展来支撑经济社会的全面、协调、可持续发展，是水利工作的一个新的目标。但是，国家每年投资于农业、投资于灌区发展的资金十分有限，灌区缺乏可持续发展应有的资金又成为制约灌区可持续发展的一个瓶颈。如果中央和地方暂缓或者减少对灌区的投资，那么灌区自身的运行都成问题，用于可持续发展的资金更是捉襟见肘。加之灌区核算的水价达不到成本水价，对灌区缺乏发展资金而言更是雪上加霜。因此，灌区缺乏可持续发展的资金既是灌区可持续发展最根本的因素又是全国所有灌区发展都要面临的问题，必须采取多方面的措施来解决这个问题。

第三节　引黄灌区的自然概况

一、黄河流域自然概况

（一）流域范围

黄河是中国第二大河，发源于青藏高原巴颜喀拉山北麓的约古宗列盆地，流经青海、四川、甘肃、宁夏、内蒙古、陕西、山西、河南、山东九省（区），在山东省垦利区注入渤海，黄河属太平洋水系。流域位于北纬 32°—42°、东经 96°—119°，全长 5 464 km，水面落差为 4 480 m。流域面积为 79.6 万 km²（含内流区面积 4.2 万 km²）。自黄河源头至内蒙古托克托县的河口镇为黄河上游，干流河道长 3 472 km，流域面积为 42.8 万 km²。龙羊峡以上河段是黄河径流的主要来源区和水源涵养区，也是我国三江源自然保护区的重要组成部分，被誉为"中华水塔"。自河口镇至河南省郑州市桃花峪为黄河中游，干流河道长 1 206 km，流域面积为 34.4 万 km²，地处黄土高原地区，水土流失严重，是黄河洪水和泥沙的主要来源区。桃花峪以下至入海口为黄河下游，流域面积为 2.3 万 km²，是举世闻名的"地上悬河"。

（二）地形地貌

黄河流域地势自西向东可分为三个阶梯。第一级阶梯是黄河源头区所在的青海高原，位于著名的"世界屋脊"——青藏高原东北部，平均海拔在 4 000 m 以上。第二级阶梯的地势较为平缓，黄土高原构成其主体，地形破碎，海拔一般在 1 000～2 000 m。第三级阶梯地势较低平，大部分区域为海拔低于 100 m 的华北大平原，包括下游冲积平原、鲁中丘陵和河口三角洲。

（三）水资源量

黄河流域水资源总量占全国水资源总量的 2.6%，人均水资源量为 905 m³，亩均水资源量为 381 m³，分别占全国人均、亩均水资源量的 1/3 和 1/5。黄河水资源相对贫乏，流域内水资源总量空间分布不均，兰州以上流域面积占全河流域面积的 29.6%，水资源总量却占全流域水资源总量的 47.3%。龙门至三门峡区间流域面积占全流域面积的 25%，水资源总量占流域水资源总量的 23%。

二、典型引黄灌区自然概况

为了更详细地了解引黄灌区的自然概况，以下将分别列举三个不同位置的引黄灌区的自然概况。

（一）景电引黄灌区

1. 位置与地形概况

景电引黄灌区位于我国甘肃省中部，河西走廊东端，甘肃省会兰州市以北 180 km 处，主要分布在景泰县与古浪县境内。灌区北倚腾格里沙漠，东邻黄河，南靠长岭山。地理位置在东经 103°20′—104°04′ 与北纬 37°26′—38°41′ 之间。

景电一期引黄灌区海拔在 1 300～1 710 m，地形整体呈西南高东北低态势，灌区周围山脉与丘陵众多，两者相隔形成了一系列盆地，如草窝滩盆地、寺滩－芦阳盆地和兴泉盆地。这些盆地由于地形平坦的特点，灌溉方便，适用于农业耕作。由于灌区临近祁连山脉，受地形地貌的影响，灌区内主要有两大地貌单元，分别是褶皱断裂山区和山间盆地。其中，褶皱断裂山区地貌特征为：在东部由于受黄河深切及断裂的影响，分布着多级侵蚀堆积阶地，阶面相对比较平缓。区内其余部分由于受新构造运动的影响，河床切割较深，深度一般在 10～20 m，在岩石破坏风化层深的地段，局部有小型坍塌、滑坡。山间盆地地形自西向东倾斜，坡度约为 1/1 000。盆地内基岩残丘裸露，因北邻腾格里沙漠，受风沙作用的影响，盆地内分布着大小不等的小沙丘。

景电二期引黄灌区为山前洪积平原，地形南高北低、西高东低，区域内形成了一系列盆地，包括封闭型的白墩子—漫水滩盆地、半敞开型的直滩盆地、开敞型的海子滩—羊湖子滩盆地等典型水文地质单元。封闭型的盆地具有四周高、中心低的特点，开敞型的盆地从山前洪积扇区向沙漠地势逐渐降低。灌区内的地形控制着降水径流和地下水补给、储存及排泄的基本条件。

2. 气象条件概况

景电引黄灌区属温带大陆性干旱气候，具有日照充足、昼夜温差大、干旱少

雨、蒸发量大、多风沙等气候特点。根据景泰县气象观测站 1958—2019 年观测
资料可以得知，灌区年平均气温为 8.8 ℃，年平均最低气温为 -19.7 ℃，年平均
最高气温为 35 ℃。灌区降水量稀少，年降水量变幅在 103.5 ~ 298.4 mm，多年
平均年降水量为 190.9 mm，且分布极不均匀，主要集中在 7、8、9 三个月，占
全年降水总量的 63.1%。年平均蒸发量高达 2 289.9 mm（ϕ 20 cm 蒸发皿），最
大蒸发量达 2 751.8 mm，降蒸比为 1/18，干燥度达 3.0，属于极干旱地区。灌区
年平均日照时间为 2 726.2 h，年平均风速为 1.8 m/s，全年中，4 月份的风速最大，
月平均风速为 4.2 m/s。灌区沙尘暴发生频率较高，且大多发生在春夏之交，其
中 1973 年发生次数最多，达 47 天。因此，干旱和风沙是灌区的主要自然灾害。

3. 土壤与植被概况

灌区土壤以荒漠灰钙土为主，少部分是盐碱土和耕作土，土壤质地以砂壤和
轻壤为主，物理性黏粒含量占 4.9% ~ 26%。土壤有机质含量较低且结构松散，
土壤中毛细管发育连续程度好，利于水盐运移。灌区内裸露的灰钙土地区为半农
半牧区，水土流失严重，需进行水土保持与发展灌溉来提高土壤肥力。

受气候与地形等综合因素的影响，灌区植被以典型的稀疏荒漠植被类型为
主，主要包括油蒿、猫头刺、沙生针茅、猪毛蒿、画眉草、驴驴蒿等天然植被。
灌溉工程建设之初，为保障灌区的生态安全，在比邻沙漠一带种植了梭梭、花棒、
柠条等人工防风固沙林，同时在灌区内部种植新疆杨、旱柳、沙枣等作为农田防
护林，保障了灌区乃至甘肃省北部的生态环境。

4. 水文水资源概况

景电引黄灌区是典型的资源型缺水地区，灌区地表水和地下水资源量都缺
乏，灌区内有各种河流沟道 46 条，但多为季节性的行洪沟道，地面径流仅有来
源于长岭山和老虎山的洪水，每年仅在夏秋两季降暴雨时才能产生短暂性的地面
径流。沟道内径流量年内变化较大，水量分布极不均匀，汛期流量大且集中，历
时较短，经各条沙沟渗入地下或汇入黄河。

自灌区全面建成以来，灌区多年平均水资源利用量为 5.08 亿 m³，其中流域
内基本无自产地表水资源量，过境地表水资源利用量为 4.66 亿 m³（水利部黄河
水利委员会及甘肃省批准景电一期引黄灌区每年从黄河提水 1.48 亿 m³，景电二
期引黄灌区每年从黄河提水 2.57 亿 m³，向民勤县生态供水 0.61 亿 m³），地下水
资源可利用量为 0.42 亿 m³。

农业耗水占灌区内总耗水量的绝大部分，主要包括农田灌溉用水，占总耗水量的 92.4% 左右，城镇与农村生活牲畜用水占总耗水量的 7.6%。由于灌区采用传统的地面灌溉，"大引大排"的不良灌溉方式使得水资源利用率低，浪费较为严重。据统计，1998—2019 年间，平均灌溉水利用系数为 0.58。

（二）内蒙古引黄灌区

1. 自然地理

内蒙古引黄灌区地处内蒙古自治区西中部，位于北纬 39° ～ 41°，东经 106° ～ 112°，横跨阿拉善盟、乌海市、巴彦淖尔市、鄂尔多斯市、呼和浩特市、包头市 6 个盟市，主要包括河套灌区、鄂尔多斯黄河南岸灌区、镫口扬水灌区、民族团结灌区、麻地壕扬水灌区 5 个大型灌区。灌区总土地面积为 2 891 万亩，耕地面积为 1 878 万亩，有效灌溉面积约为 1 100 万亩。

2. 水文气象

内蒙古引黄灌区属北温带大陆性干旱气候区。灌区内降水量小，蒸发量大，气温和降水量季节性变化大，温差大，风大沙多，光、温、水地域差异明显。年降水量在 150 ～ 450 mm，从东南向西北呈递减趋势。降水多集中在 7、8、9 三个月，占全年降水量的 70%，年内分布极不均匀。年平均蒸发量为 1 200 ～ 2 000 mm。全年中，1 月、2 月、11 月、12 月四个月份温度为零度以下，年平均气温在 5.0 ℃左右。年平均日照时间为 3 000 ～ 3 200 h，年平均日照百分率为 67% ～ 73%。年平均风速为 1.5 ～ 5.0 m/s，部分地区大于 5 m/s。无霜期为 130 ～ 200 天。

3. 地形地貌

内蒙古引黄灌区包括河套平原、山地和鄂尔多斯高原三大类地形地貌。河套平原西起磴口，东至西山咀，长约 180 km；黄河以北宽 50 ～ 60 km，南岸宽 2 ～ 8 km；磴口以西属乌兰布和沙漠。山地为阴山山脉，主要是狼山山脉，主要地貌有中低山、低山丘陵区、波状高平原、枝状沟谷；狼山长约 280 km，宽约 3 060 km，成弧形环抱于河套平原之北，山地最高峰海拔为 1 912.1 m，其余地区海拔为 1 280 ～ 1 854 m，是重要产流区。鄂尔多斯高原位于黄河南侧，主要地貌类型有平原、沙地、丘陵等。

（三）大功引黄灌区

1. 自然地理概况

（1）地理位置

大功引黄灌区是河南省跨行政区域跨流域的大型灌区，于 1958 年初建，1962 年停灌，1992 年恢复灌溉。灌区的灌溉面积为 18.9 万 hm^2，跨越封丘县、长垣市（县级市）、滑县、浚县和内黄县五地的部分区域，南北方向上跨越黄河、海河两大流域，灌区南接黄河大堤，东临金堤河支流黄庄河，西以大功总干渠回灌边缘为界，北接卫河。

（2）地形地貌

大功引黄灌区属于黄河冲积平原区，西南方向地势较高，东北方向地势较低，地面坡降（亦称比降、坡度）大概在 1/7 000 ～ 1/15 000，海拔高程大概在 76.2 ～ 57.4 m。由于黄河迁徙频繁，遗留大量故道、窜沟、坡洼和沙丘，地形起伏，缓陡相间，变化比较复杂。

（3）河流水系

地处封丘县、长垣市和滑县三地的排水河道属于黄河水系，太行堤以南流域属于天然文岩渠流域，以北的流域属于金堤河流域。两条排水河道有许多支流，遍布灌区，为灌区内排水提供了保障。

天然文岩渠的流域面积为 2 514 km^2，其中，天然渠在张光节制闸以上流域面积为 455.5 km^2，文岩渠在裴固节制闸以上流域面积为 1 444 km^2，天然文岩渠流经原阳县、延津县、封丘县、长垣市和濮阳县，最后经濮阳县渠村汇入黄河。流域内支流众多，经多次治理已形成比较完整的排水系统。

金堤河流经滑县、濮阳县和范县，流至台前县张庄汇入黄河，是一条大型排水河道。滑县段金堤河长 32.5 km，自滑县五爷庙村入濮阳县境，五爷庙村以上的流域面积为 1 659 km^2。黄庄河、柳青河、城关河、贾公河、长虹渠等河流渠道是灌区内重要的排水支流。

内黄县内水系均属于海河流域卫河水系，区内有硝河、浚内沟、老塔坡沟、杏园沟、志节沟（沙河）等排涝干沟及流河沟、新张沟、草坡沟、井六沟等排涝支沟。

2. 水文气象概况

大功引黄灌区属暖温带大陆性季风型气候，季风进退和四季交换较为明显。

灌区内年平均气温为 13.7 ℃；最冷为 1 月份，平均气温为 −1.6 ℃，极端最低气温为 −20.1 ℃；最热为 7 月份，平均气温为 27 ℃，极端最高气温为 42.4 ℃。平均全年无霜期为 207 天。灌区内年平均地温为 16.5 ℃，一般在 11 月份开始结冻，次年 2 月上旬解冻，全年封冻时间约为 70 天，一般冻土深度在 10 cm 左右。表层土温度：1 月份最低，为 −6.9 ℃；7 月份最高，为 45.8 ℃。

灌区范围内总热量较为丰富，历年日平均气温稳定在 10 ℃及以上的积温为 4 580.9 ℃，年平均日照时间为 2 362 h，年平均日照率为 52%，满足了农作物一年两熟的要求。

灌区范围内平均年降水量为 565.7 mm，最大年降水量为 1 081 mm；最小年降水量为 281 mm；7、8、9 三个月的降水量占全年降水量的 60% 左右。灌区范围内降水量年际变化较大，年内分配不均，不易利用。

灌区范围内年平均蒸发量为 1 921.5 mm，6 月份最大达 322.8 mm，1 月和 12 月份最小仅为 60 mm。蒸发量大于降水量，尤以冬春最为明显。土壤水分大量外逸，土壤含水量减少，是形成常年干旱的原因之一。

灌区范围内年平均相对湿度为 70%。春季由于升温快而降水短缺，湿度偏小，7 月份进入雨季，湿度明显增大，9 月份以后，雨量逐渐减小，气温不断下降，相对湿度逐步降低。

灌区范围内全年风向以北风、东北风居多，其次是西风、西南风。年平均风速为 3.4 m/s。月平均风速：4 月份最大为 4.5 m/s，8、9 月份最小为 2.6 m/s。由于冬季干旱，春季多风，往往造成风沙灾害。

灌区自然灾害以干旱、暴雨、内涝、大风、干热风、寒潮、低温、冻害等为主，其中，干旱最为严重，暴雨、内涝次之。根据中国气象局等单位提供的豫北地区 500 年旱涝资料，豫北干旱 3 年一遇，大旱十年一遇，且大旱后往往连续数年干旱。另外，根据 1957—1981 年这 25 年的数据，其中旱年为 17 年，由此可以看出旱灾的严重性。

3. 水资源概况

大功引黄灌区水资源主要为黄河水源、降雨、浅层地下水，以黄河水源为主。灌区范围内平均年降水量为 565.7 mm。由于降雨集中，灌区内无有效拦蓄设施，且降雨径流时间短，因此大部分地面径流不能被利用。黄河水源稳定可靠，灌区为多口门引水，现有顺河街、三姓庄、东大功闸 3 座引水口门，引水有充分保证。

灌区年分配引黄水量约为 2.08 亿 m^3，由于黄河侧渗补给，靠近黄河的封丘县、长垣市两地浅层地下水储量较丰富。大功引黄灌区 2014—2018 年的年平均供水量为 29 853 万 m^3，其中地表水为 2 676 万 m^3，地下水为 19 182 万 m^3，黄河水为 7 489 万 m^3，中水为 506 万 m^3。

（1）地表水资源量

大功引黄灌区位于河南省北部平原地区，灌区内地表水以超渗产流模式为主。现状年的地面径流大多在汛期由降水汇聚而成，非汛期降水少，难以产生径流。因此，从年内分配来看径流量比降雨量更集中。

（2）地下水资源量

计算灌区地下水资源总量时，运用地下水全域加权平均总补给模数来进行计算，所用到的各地市地下水总补给模数可遵循《河南省水资源公报（2018）》中给出的补给模数图来进行补给模数的选取。灌区下游现状年几乎引不到黄河水，多年来一直超采地下水，使局部地区形成漏斗区，地下水资源补给模数仅为 12 万 m^3/km^2。

（3）黄河水利用量

灌区用水主要来源于黄河水资源，现状年黄河来水主要用于农业灌溉。多年平均引黄水量为 7 330 万 m^3，远小于灌区年分配指标 20 800 万 m^3。究其原因，由于小浪底水库的建成运行和水库调水调沙不断地冲刷下游河床，导致下游河床和同流量水位均有所降低，从而使引黄涵闸的引水能力也下降。

（4）用水管理

1958 年，大功引黄灌区直接从黄河引水，开始进行农业灌溉，通过总干渠向北，直到滑县道口，可向滑县送水，滑县道口镇东有 3 号跌水，在 3 号跌水上游 100 m 处，有调节渠道与卫河相通，当卫河水位高时可通过调节渠引卫河水入总干渠，总干渠也可退水入卫河。道口公路桥带节制闸上游左岸为十三干渠（原卫东渠）进水闸，可向内黄县供水。1967—1992 年，在次生盐碱化得到基本控制后，封丘县为适应淤灌改土、稻改和农田灌溉的需要，在沿黄背河洼地兴办了一些放淤改土和引黄灌溉工程，用于满足封丘县大功引黄灌区农业灌溉的需求。1992 年，河南省政府决定：加快引黄步伐，大力发展引黄灌溉。恢复老大功时期灌区的灌溉范围，灌区实行计划用水，统一调配，分级配水。大功分局配水到干渠口，各县灌区管理单位配水到支渠口，乡农水站分水到斗、农渠。支渠以上实行续灌，斗、农渠实行分组轮灌。

三、引黄灌区总体自然概况

（一）地理地貌

黄河由西南向东北穿越华北大平原的全境。由于长期的泥沙淤积作用，河床平均高出两侧地面 3～5 m，局部地区在 10 m 以上，成为世界著名的悬河。黄河两侧地面，由大堤向外倾斜，黄河河床成为该地区地表水和地下水的分水岭，使广大的平原以黄河为界将南北分别划归淮河流域和海河流域。分析黄河引黄灌区地貌可知，引黄灌区往往地面坡降平缓，位居河南省境内地面坡降多在 1/4 000～1/6 000；山东省境内地面坡降一般在 1/5 000～1/10 000；河口地区地面坡降更缓，多在 1/10 000 以下。由于黄河历史上多次决口、改道、泛滥，在大平原上遍布着古河床、古漫滩和沙丘岗地等，加之现代河流作用和人类活动的影响，引黄灌区内岗洼间续分布，形成了内部错综复杂的微地形地貌特征。

（二）气候和水文

引黄灌区位于我国东部季风区的中纬度地带，受到冬夏季风的强烈影响，季节变化特别明显。冬季受蒙古高压的控制，当极地大陆气团南下时，首当其冲，偏北风盛行，冷锋过境，气温猛降，可出现沙暴或降雪。因其来自大陆，湿度不够高，降雪不多。夏季则在大陆低气压范围内盛行偏南风，亚热带太平洋气团可直达本地区，使空气变得湿润，当受到北方冷气流的扰动时，可形成降水。

引黄灌区所在地区平均年降水量一般在 550～670 mm。该地区降水量在季节分配上高度集中，夏季 6、7、8 三个月份的降水量占全年降水量的 60%～70%，冬季仅占 5%，春季占 15% 左右，秋季占 20% 左右。7 月份是雨量最集中的月份，月均降水一般在 200 mm 左右。1 月为雨量最少的月份，一般在 5 mm 以下。暴雨频发是引黄灌区降水的特点，暴雨在平原引发的洪水，会造成严重的灾害。降水年变率一般在 20%～30%，以冬季和春季年变率最大。在年降水量最大的年份，年降水量可达 1 400 mm，最小的年份仅百余毫米，这是导致旱涝的根本原因。

（三）植被和土壤

引黄灌区的基本地带性植被为落叶阔叶林，以散生的槐树、榆树、臭椿树等居多。在沿海盐渍土上有盐生植被，在沙地上有沙生植被，在洼地上有沼泽植被。

经过人类长期的利用与改造，人工栽培的植物占很大的面积，以农作物为主。本地区的地带性土壤，自东向西，依次为棕壤、黑色土和黑垆土。在黑垆土地带，在不断遭受侵蚀的黄土上可形成发育不成熟的绵土。在平原内部，在积水或受到地下水浸润的地方，可形成湿土。前者为沼泽土，可称之为水成土。后者为草甸土，可称之为半水成土。在滨海地区，因海水浸渍，可形成滨海盐碱土。

第四节 引黄灌区的水沙特征

一、黄河流域水沙特征

（一）黄河水沙通量趋势性特征

1. 黄河径流量趋势性特征

黄河下游花园口水文站与利津水文站径流量的平均值，相对于上游与中游水文站来讲，径流量较为丰富。黄河上游唐乃亥与兰州水文站径流量的检验统计量小于置信水平统计量，因此黄河上游唐乃亥与兰州水文站径流量的变化趋势不显著。黄河中游（头道拐与潼关）、下游（花园口与利津）水文站的统计量值为负数，统计量均大于置信水平统计量，表明黄河中、下游径流量变化呈显著下降趋势。下面以黄河 1951—2019 年多年的实测数据为例，说明黄河径流量的趋势性特征。

唐乃亥水文站 1951—2019 年多年径流量的平均值为 202.43 亿 m³。年径流量在 1989 年达到历史最大值（329.95 亿 m³），而在 2002 年达到历史最小值（106.25 亿 m³）。同时，各年径流量在均值上下摆动，波动幅度越小，表明黄河上游唐乃亥水文站年径流量在近 70 年变化较为稳定。

兰州水文站 1951—2019 年多年径流量的平均值为 313.46 亿 m³。年径流量在 1967 年达到历史最大值（520.88 亿 m³），而在 1997 年达到历史最小值（202.20 亿 m³）。

潼关水文站和头道拐水文站 1951—2019 年多年径流量的平均值分别为 215.29 亿 m³ 和 332.41 亿 m³。头道拐水文站年径流量在 1967 年达到历史最高值（447.64 亿 m³），潼关水文站年径流量在 1964 年达到历史最高值（704.50 亿 m³），并且二者的年径流量均在 1997 年达到历史最低值，分别为 101.53 亿 m³ 和 143.42 亿 m³。

同时，各年径流量在平均值上下摆动，波动幅度越大，表明年际变化越大，由此可见黄河中游头道拐水文站年径流量在近 70 年变化得十分剧烈。

花园口水文站和利津水文站 1951—2019 年多年径流量的平均值分别为 369.28 亿 m³ 与 290.87 亿 m³。在 1964 年，花园口水文站和利津水文站的年径流量均达历史最大值，分别为 870 亿 m³ 与 976 亿 m³，而花园口水文站年径流量的历史最小值出现在 1997 年，为 141.05 亿 m³，利津水文站年径流量的历史最小值出现在 2017 年，为 89.58 亿 m³。黄河下游花园口水文站与利津水文站近 70 年径流量的年际变化十分剧烈。

2. 黄河输沙量趋势性特征

黄河中下游（潼关、花园口与利津）水文站，与上游水文站相比，输沙量较多。黄河中、下游输沙量变化均呈显著下降的趋势。下面以黄河 1951—2019 年的实测数据为例，说明黄河输沙量的趋势性特征。

唐乃亥水文站与兰州水文站 1951—2019 年多年输沙量的平均值分别为 0.13 亿 t 和 0.62 亿 t，唐乃亥水文站与兰州水文站的年输沙量分别在 2019 年与 1967 年达到最高值，分别为 0.59 亿 t 和 2.74 亿 t。二者年输沙量的最低值分别出现在 2006 年和 2009 年，分别为 0.029 亿 t 和 0.079 亿 t，说明兰州水文站近 70 年输沙量的年际变化程度要比唐乃亥水文站更为剧烈。

头道拐水文站与潼关水文站 1951—2019 年多年输沙量的平均值分别为 0.97 亿 t 和 9.3 亿 t，唐乃亥水文站与兰州水文站的年输沙量分别在 1967 年与 1958 年达到最高值，分别为 3.16 亿 t 和 27.83 亿 t。二者年输沙量的最低值分别出现在 1987 年和 2015 年，分别为 0.168 亿 t 和 0.55 亿 t，说明潼关水文站近 70 年输沙量的年际变化程度远远大于头道拐水文站。

花园口水文站与利津水文站 1951—2019 年多年输沙量的平均值分别为 7.92 亿 t 和 6.52 亿 t，二者的输沙量分别在 1958 年与 1967 年达到最高值，分别为 28.68 亿 t 和 20.90 亿 t。二者的最低值分别出现在 2016 年和 1997 年，分别为 0.06 亿 t 和 0.14 亿 t，说明花园口水文站与利津水文站近 70 年输沙量的年际变化程度非常大。

（二）黄河水沙通量阶段性特征

1. 黄河径流量阶段性特征

下面以黄河 1951—2019 年的径流量变化为例，说明黄河径流量的阶段性特征。（为叙述方便，各水文站 1951—2019 年多年径流量的平均值和多年降水量的平均值分别统一简称为"多年径流量均值"和"多年降水量均值"。）

黄河上游的兰州水文站和唐乃亥水文站的径流量变化都表现出了明显的阶段性特征。唐乃亥水文站的径流量演变可划分为平—丰—枯3个阶段。第一个阶段是平水期（1951—1975年），这一时期的年平均径流量与多年径流量均值相差不大，该时期的年降水量变化幅度不大，基本与多年降水量均值持平。第二个阶段是丰水期（1976—1984年），这一时期的年平均径流量比多年径流量均值大，年降水量相对稳定、丰富。第三个阶段为枯水期（1985—2019年），这一时期的年平均径流量占多年径流量均值的95%，该时期年径流量变化幅度较小，年降水量有所减少。兰州水文站的径流量也可划分为丰—平—枯3个阶段。第一个阶段是丰水期（1951—1967年），这一时期的年平均径流量比多年径流量均值高，该时期的年降水量相对稳定、丰富。第二个阶段是平水期（1968—1984年），这一时期的年平均径流量和多年径流量均值差异不大，该时期的年降水量变化幅度不大，与多年降水量均值基本相当。第三个阶段为枯水期（1985—2019年），这一时期的年平均径流量占多年径流量均值的92%，该时期的年径流量变化幅度不大，年降水量也相应地减小。

黄河中游头道拐水文站与潼关水文站的径流量变化具有明显的阶段性特征。头道拐水文站径流量的变化过程可以分为丰—平—枯3个阶段。第一个阶段为丰水期（1951—1967年），这一时期的年平均径流量远远大于多年径流量均值，该时期年降水量较为稳定、丰富。第二个阶段为平水期（1968—1984年），这一时期的年平均径流量与多年径流量均值相差较小，该时期的年降水量变化幅度不大，基本与多年降水量均值持平。第三个阶段为枯水期（1985—2019年），这一时期的年平均径流量仅为多年径流量均值的82%，该时期的年径流量变化幅度较大，年降水量减少。潼关站径流量的变化过程可以分为丰—平—枯3个阶段。第一个阶段为丰水期（1951—1967年），这一时期的年平均径流量远远大于多年径流量均值，该时期的年降水量较为稳定、丰富。第二个阶段为平水期（1968—1984年），这一时期的年平均径流量与多年径流量均值相差较小，该时期的年降水量变化幅度不大，基本与多年降水量均值持平。第三个阶段为枯水期（1985—2019年），这一时期的年平均径流量仅为多年径流量均值的77%，该时期的年径流量变化幅度较大，年降水量减少。

黄河下游花园口水文站与利津水文站的径流量变化具有明显的阶段性特征。花园口水文站径流量的变化过程可以分为丰—平—枯3个阶段。第一个阶段为丰水期（1951—1968年），这一时期的年平均径流量远远大于多年径流量均值，该时期的年降水量较为稳定、丰富。第二个阶段为平水期（1968—1984 年），这一时期的年平均径流量与多年径流量均值相差较小，变异系数为 0.27，说明该时期的年降水量变化幅度不大，基本与多年降水量均值持平。第三个阶段为枯水期（1985—2019 年），这一时期的年平均径流量仅为多年径流量均值的 75%，变异系数为 0.31，说明该时期的年径流量变化幅度剧烈，年降水量锐减。利津水文站径流量的变化过程分为丰—平—枯 3 个阶段。第一个阶段为丰水期（1951—1975 年），这一时期的年平均径流量远远大于多年径流量均值，变异系数为 0.40，表明该时期的年降水量较为稳定、丰富。第二个阶段为平水期（1976—1984 年），这一时期的年平均径流量与多年径流量均值相差较小，变异系数 0.32，说明该时期的年降水量变化幅度不大，基本与多年降水量均值持平。第三个阶段为枯水期（1985—2019 年），这一时期的年平均径流量仅为多年径流量均值的 50%，变异系数为 0.57，说明该时期的年径流量变化幅度剧烈，年降水量锐减，黄河处于枯水期，特别是在 1997—1998 年，曾多次出现断流现象。

2. 黄河泥沙量阶段性特征

下面以黄河 1951—2019 年的输沙量变化为例，说明黄河输沙量的阶段性特征。（为叙述方便，各水文站 1951—2019 年多年输沙量的平均值统一简称为"多年输沙量均值"。）

黄河上游唐乃亥水文站和兰州水文站的输沙量变化也具有明显的阶段性特征。唐乃亥水文站输沙量的变化过程分为少沙—多沙—少沙三个阶段。第一个阶段为少沙期（1951—1979 年），这一时期的年平均输沙量少于多年输沙量均值。第二个阶段为多沙期（1980—1992 年），这一时期的年平均输沙量大于多年输沙量均值，该时期的年输沙量较为稳定、丰富；第三个阶段为少沙期（1993—2019 年），这一时期的年平均输沙量仅占多年输沙量均值的 85%，该时期的年输沙量开始减少、变化幅度较大且不稳定。兰州水文站输沙量的变化过程分为多沙—少沙两个阶段。第一个阶段为多沙期（1951—1980 年），这一时期的年平均输沙量大于多年输沙量均值，该时期的年输沙量较为稳定、丰富；第二个阶段为少沙期（1981—2019 年），这一时期的年平均输沙量仅占多年输沙量均值的 58%，该时期的年输沙量急剧减少、变化幅度大且不稳定。

黄河中游头道拐水文站与潼关水文站输沙量的变化也具有明显的阶段性特征。头道拐水文站输沙量的变化过程可以分为多沙—少沙两个阶段。第一个阶段为多沙期（1951—1988 年），这一时期的年平均输沙量远远大于多年输沙量均值，该时期的年输沙量较为稳定、丰富；第二个阶段为少沙期（1989—2019 年），这一时期的年平均输沙量仅占多年输沙量均值的 49%，该时期的年输沙量急剧减少、变化幅度大且不稳定。潼关站输沙量的变化过程分为多沙—少沙两个阶段。第一个阶段为多沙期（1951—1980 年），该时期的年输沙量较为稳定、丰富；第二个阶段为少沙期（1981—2019 年），这一时期的年平均输沙量仅占多年输沙量均值的 56%，该时期的年输沙量急剧减少、变化幅度大且不稳定。

黄河下游花园口水文站和利津水文站输沙量的变化也具有明显的阶段性特征。花园口水文站输沙量的变化过程分为多沙—少沙两个阶段。第一个阶段为多沙期（1951—1995 年），该时期的年输沙量较为稳定、丰富；第二个阶段为少沙期（1996—2019 年），这一时期的年平均输沙量仅占多年输沙量均值的 23%，该时期的年输沙量急剧减少、变化幅度大且不稳定。利津水文站输沙量的变化过程分为多沙—少沙两个阶段。第一个阶段为多沙期（1951—1987 年），该时期的年输沙量较为稳定、丰富；第二个阶段为少沙期（1988—2019 年），这一时期的年平均输沙量仅占多年输沙量均值的 25%，该时期的年输沙量急剧减少、变化幅度大且不稳定。

二、引黄灌区水沙特征

（一）水沙调控的研究

国内对黄河水沙调控研究的目的多是通过分析黄河各个河段的水沙特点、防洪防凌、输沙塑槽需求，经统筹考虑，塑造出满足所有需求的水沙指标与阈值，进而减轻水库和下游河道淤积，增加排洪能力。而各河段达到具体水沙阈值的手段就是通过水利枢纽进行水沙调控。

随着我国对水库泥沙淤积课题研究的进一步深入，现时期的水库调水调沙方式是尽可能使水库防洪、排沙、供水及发电等目标达到最优，从而解决水库多方面的问题，使水沙关系相互协调的一种方式。很多学者对此有所研究，目前国内外有很多相关的研究成果，其中水利枢纽的调控包括通过对单个水库泥沙的调度，也包括对水利枢纽群进行泥沙联合调度，水库泥沙调度是指为降低水库中泥沙的淤积高度和控制淤积部位，达到冲沙降淤目的所进行的一种水库运行水位调度。利用水库调节水沙，是当今减缓较大水库泥沙淤积、改变下游河道边界行之有效的一种方法。

在全世界河流范围内，黄河的泥沙问题最为突出，国内关于黄河水沙调控方面的研究也最为丰富。从 20 世纪 60 年代始，以王化云为代表的一批治黄专家提出了"蓄水拦沙"的水沙调控想法；学者钱宁认为在治理黄河时应通过调节水库的水沙过程来改善河道边界状况；学者王士强认为利用水库水沙调控方式可使黄河下游产生不错的减淤效果；21 世纪初，学者李国英分析了以小浪底水库为对象的调水调沙实验结果，构建了基于空间尺度的黄河调水调沙的理念，并进一步指出，黄河汛前调水调沙的重要目标是合理塑造出小浪底的水库异重流进而提高排沙比，同时，他对在三种黄河调水调沙基本模式下进行的 10 次调水调沙结果做了总结。学者王煜等针对黄河来水来沙不平衡的特性，提出了建设黄河水沙调控体系的任务、总体布局、联合运用机制。学者胡春宏针对目前新水沙条件下存在的问题，清楚阐述了将来黄河调控治理的总体思路，提出了黄河调控治理方略。

我国学者在水利枢纽群联合调控泥沙方面也有大量研究。1997 年，学者王化中指出黄河上游以梯级水库联合运行、补偿调节为基础的设计原则是正确的。学者惠仕兵等人针对长江上游工程存在的泥沙技术问题，详细分析了低水头闸坝枢纽水沙联合优化调度运行方式；学者江恩惠等人针对三门峡水库的运用问题，提出了联合发挥小浪底与三门峡调度功能的建议；学者胡春宏等人系统概括了运用"蓄清排浑"方式在实际工程运用中得到的优化和完善，并对黄河小浪底、三门峡等水库工程运行方式提出了进一步完善的建议；学者于茜针对黄河上游龙羊峡、拉西瓦、李家峡、公伯峡和苏只 5 座水利枢纽，分析了该水利枢纽群的短期发电优化调度。学者靳少波等人以黄河上游龙羊峡、刘家峡之间的梯级电站群联合调度方式为研究对象，并总结了龙羊峡、刘家峡联调的意义和存在的问题。学者白涛等人针对黄河上游沙漠宽谷河段存在的河槽淤积萎缩问题，建立了上游多目标水沙联合优化调控模型。

国内在把水库和河道结合统筹考虑的水沙联合调度方面的研究也较多，例如，学者陈翠霞、安催花等人研究了已建水库在水沙调控中发挥的作用及水沙调控对下游河道冲淤的影响。学者谈广鸣等人建立了以水库—河道耦合关系为基础的水库多目标优化调度模型；学者李国英指出调水调沙是增强河口治理和中游水沙调控体系建设、减缓黄河河床升高的最优方法；学者胡春燕等人以葛洲坝水利枢纽为研究对象，指出通过横向调度水沙可减少大江航道淤积和大江电站粗沙过机问题；学者张金良等人在分析三门峡水库调水调沙的实践结果后指出，对水库泥沙的调节既可以使水库保持有效的库容，同时又会最大可能调整下泄水沙进而搭配出较为协调的水沙关系，有利于减少下游河道淤积和提高过流能力。

国外在水沙联合调度方面的研究也有很多。早在 1955 年，美国学者提出了水库群随机优化调度的研究思路。但他构建的关于水库群随机优化调度模型牵扯到因水库数量增多而衍生的"维数灾"问题，从而引发了广大学者构建降维模型，例如：部分国外学者提出首先对系统进行主成分分析，达到降低模型维数的目的，继而使用随机动态规划的方法求解降维模型。1988 年，一些国外学者构建了新的可以很好地解决"维数灾"问题的梯度动态规划算法（GDP）；1967 年，有国外学者构建了以线性规划与动态规划耦合理论为基础的水利枢纽群优化调度模型。

1973 年有国外学者开展了线性规划在水库群联合调度方面的研究。1974 年，有两名国外学者将分别解决时间上和空间上换位的前向动态规划与线性规划相结合，构建了实时防洪优化调度线性规划和动态规划结合水库群优化模型。1986 年，一些国外学者提出利用泛函数最优化的原则来决策电力系统的月调度规则。还有国外学者提出应用模糊交互式方法对多目标水库群进行管理的方法可以使决策者在决策的过程中解决多目标冲突的问题。1993 年，有国外学者构建了使水库下游河道发生最小变化的非线性优化模型；1997 年，有国外学者根据遗传算法思想，针对河流上建设的水库群系统，制定出了水库群之间的调度规则。2000 年，国外学者建立了使水利枢纽群所属河网中冲淤泥沙量最小的最优化控制模型。2005 年，有学者结合人工神经网络模型与专家系统，构建改进后的支持决策模型用于水库优化调度。

（二）水沙特征的分析

作为多沙河流的代表，黄河的主要特征是水少沙多。1958—1990 年（1962—1965 年停灌除外）黄河下游累计引水量 2 333 亿 m³，平均每年引水量 80.4 亿 m³，约占同期黄河下游来水量（花园口站）的 18.1%。灌区水量分配比例为农业用水量占 91.2%、工业用水量占 6.8%、人畜用水量占 1.1%、其余 0.9% 水量用于养殖、种植等。在农业用水量中，80% 以上的水量主要用于沿黄灌溉，不足 20% 的水量供给其他地区。然而，引水必引沙，1958—1990 年，黄河下游灌区共引进泥沙量 38.65 亿 t，年平均引沙量为 1.33 亿 t，约占同期黄河下游来沙量的 11.6%。引黄泥沙在灌区内的分配比例为：33.2% 淤在沉沙池，35.3% 淤在干渠渠道，22.9% 进入田间，8.6% 进入排水河道。

自 20 世纪 90 年代以来，受气候变化和人类活动的影响，黄河流域水沙条件发生了新变化，加之小浪底水库建成运行，黄河下游河道水沙条件越来越受人为控制，自然河道的特性减弱，引黄灌区引水引沙条件受人为调配控制程度越来越高，主要表现在以下几个方面。

①大流量引水概率减小，中小流量引水概率增加。根据山东滨州市簸箕李引黄灌区引水资料，1990—1999 年（小浪底水库投入运行前的状况），引水流量小于和大于 40 m³/s 的引水天数所占比例分别为 43.63% 和 56.37%。2000—2004 年（小浪底水库投入运行后的状况），引水流量小于和大于 40 m³/s 的引水天数所占比例分别为 47.08% 和 52.92%，大流量引水概率有所减小。2005—2007 年，引水流量小于和大于 40 m³/s 的引水天数所占比例分别为 59.59% 和 40.51%，大流量引水概率由小浪底水库投入运行前的 56.37% 减至 2005—2007 年的 40.51%。

②引水含沙量减小。位山引黄灌区东、西输沙渠 1995—1999 年和 2000—2004 年两个时段的年平均含沙量分别为 17.90 kg/m³、8.27 kg/m³ 和 11.03 kg/m³、6.42 kg/m³。2000—2004 年这一时段的年平均含沙量较 1995—1999 年这一时段的年平均含沙量大幅度减少。

③引水概率减小，引水拉粗沙入渠机会增加。黄河小浪底水库投入运行，拦截了大量泥沙，引起黄河下游河道持续冲刷。黄河下游河底高程冲刷下降 0.64 ～ 1.12 m，黄河干流同流量条件下灌区引水流量显著减少。更为突出的是如簸箕李引黄灌区为了适应黄河河床变化，从 2005 年开始，低闸引水，由于河底高程低，引水时易产生拉沙现象，使粗沙入渠，甚至使引水含沙量加大。

第五节　引黄灌溉的作用分析

一、促进农业节水灌溉

（一）农业节水灌溉的内涵

农业水资源是指自然领域中可用于农业生产和农村生活中的各类水资源，包括满足农、林、牧、副等一系列农业生产和农村生活用水需求的水资源。由于农田灌溉用水在农业水资源消耗的占比较大（在 95% 以上），现有研究通常将农田节水灌溉视为农业水资源节约的关键所在。具体来看，农业节水灌溉是指根据作物需水规律及该地区供水条件，有效利用天然降水和人工灌溉水，以获取最佳的农业经济效益、社会效益和生态环境效益的一种灌溉技术。其根本目的在于提高水资源利用率、实现农业生产的节水、高产、优质、高效。其核心在于在水资源有限的条件下，通过先进的水利工程技术、适宜的农作物技术及用水管理技术等措施，充分提高农业用水利用率，减少农业生产中水资源调配、输水、灌水、农作物吸收等环节的水资源浪费。具体的农业节水灌溉措施包括减少灌溉面积、采用节水灌溉技术、调整种植结构、修建维护灌溉渠道、灌溉过程的永久监控等。

（二）农业节水灌溉的必要性

作为中华民族的母亲河，黄河是维系中国社会和谐发展与经济持续稳定发展的重要基础资源。中国约有 15% 的农业灌溉面积和 12% 的人口供水依赖黄河。但该流域长期平均降水量（460 mm/a）远低于全球平均值（950 mm/a），长期平均潜在蒸发量（1 690 mm/a）显著高于全球平均值（1 150 mm/a），使得地区人均径流量仅为世界平均水平的 1/95，人均水资源量（530 m³）约为缺水地区人均标准（1 000 m³）的一半，为全国平均水平的 1/56。近年来，随着经济的快速发展和生活水平质量的提高，生活、工业、环境生态水资源需求量日益增加，水资源供需矛盾日趋严重。水资源危机已成为该流域面临的重大挑战之一。

2004—2018 年，黄河流域农业用水总量呈现波动式变化，作为首位用水大户，其多年平均用水总量稳定在 832 亿 m³，在流域水资源利用总量中的比重一直维持在 65% 以上。因此，不同产业主体之间的用水竞争与矛盾带来农业用水总量受限，用水压力与日俱增。农业水资源压力负荷已成为制约该流域经济社会可持续发展的主要瓶颈，保障农业用水安全也成为实现该流域永续发展的战略问题。在水资源管理制度下，协调水资源配置，减少农业用水量是推动这一问题解决的重要途径。

黄河流域农业用水压力严峻，但用水效率低下。2018 年，农田灌溉水有效利用系数为 0.553，虽然已超过了 2011 年中央一号文件明确规定的 0.55 的标准，但与发达国家的 0.7—0.8 相比尚有较大差距。以 2018 年为例，农业灌溉用水量约为 556.98 亿 m³，0.553 的农田灌溉水有效利用系数意味着仅有 308.01 亿 m³ 被有效利用，未被利用的水量（248.97 亿 m³）相当于同年工业用水总量的 1.33 倍，生活用水量的 1.34 倍。如果农田灌溉水有效利用系数提高到发达国家的最低水平，将节省 167.10 亿 m^3 的水，相当于同年环境生态水资源用水量的 2.05 倍。黄河流域农业灌溉过程中面临着严峻的水资源短缺压力，但同时也存在较大的节水潜力。研究引黄灌区农业节灌溉水问题对保护水资源环境和社会经济良性发展具有重要的现实意义。

（三）农业节水灌溉的成效

1. 夯实水利工程基础

通过引黄灌区节水灌溉工程的实施，灌区供水渠系不完善、配套差的工程得到了提升和完善。通过计量供水，进一步挖掘灌区节水灌溉潜力，增加灌溉面积，保证了粮食安全。

2. 合理分配农业水权

通过在各乡（镇）边界处安装自动计量点对骨干河道、干渠流经各乡（镇）实际水量、流速、用水量实施全方位监控，可实现农业灌溉用水总量的实时全方位动态监控。对小农水项目实行泵站首部远程计量，配套安装移动水表，可实现灌区内农业灌溉用水的总量控制、水量统计、实时监控、计量到户。工程的实施，为分配水权精准计量打下了基础。

3. 积极推行水价改革

通过引黄灌区农业节水工程建设，可以进行水价测算，完成水价改革，实现农业灌溉用水计量收费，使水费征收、使用、管理更加规范，将农业节水落到实处。

二、保证我国粮食安全

（一）粮食安全的内涵

20 世纪 70 年代，粮食安全的概念被首次提出，随着社会经济的发展，其概念经历了多次补充丰富。1974 年，联合国粮食及农业组织（FAO）在首脑会议中提出粮食安全的概念，即每个人无论何时何地都能够获得足以保证生存的粮食。1983 年，FAO 又丰富了粮食安全的内涵：所有人无论何时都能有足够的经济能力获得生活所需的食品。1996 年，在世界粮食首脑会议上通过的《罗马宣言》，进一步表述了粮食安全的内涵：所有人无论何时都能拥有足够的物质经济条件以获得营养均衡及喜爱的食物。相较于 1983 年提出的粮食安全，这次的定义增加了对营养结构的要求。21 世纪初，世界粮食安全大会提出，为消费者提供的粮食必须是无公害、无污染、能够增强身体健康的，首次将绿色无污染的概念纳入粮食安全的内涵。

粮食安全的概念较具体，由于各国国情的不同，对其概念的界定也会不同。国内学者全面考虑国内粮食安全状况，从不同角度阐述了粮食安全的内涵。学者马九杰等人认为粮食安全应同时保证国家和家庭两个层面粮食获取能力的充足。学者雷玉桃等人认为要实现粮食安全首先要提高粮食的生产能力，实现粮食总量和粮食质量并重及粮食结构的合理性。学者朱红波认为粮食安全应包括足够的数量、粮食质量、粮食供应的稳定性和个人获取粮食的能力四个方面。学者钟甫宁指出耕地作为粮食安全的屏障，要保障粮食安全就需要保护耕地，也要提高粮食单产水平。

（二）水资源与粮食的关系

黄河流域水资源与粮食生产之间相互依存、相互制约。水资源对于粮食生产的重要性不言而喻。在粮食生产的过程中，不论是作物的生长，还是食品的加工，整个过程都需要消耗大量的水资源；农田的合理灌溉、作物种植结构的合理分配都可以降低粮食生产对水资源的消耗，为粮食的安全提供多元化的选择。但是，由于各地区水资源分布不均，很多地区粮食生产用水得不到满足，影响粮食生产。另外，在粮食生产的过程中，使用过的化肥、农药和其他化学物质，也会通过降水和灌溉，流入地下，或者渗入农田，导致水资源受到破坏、粮食减产。

黄河流域是我国重要的粮食生产基地，黄河流域灌溉技术成熟，灌溉农业在黄河流域占主导地位。根据黄河流域水资源相关资料，2007—2018 年，农田灌溉最小总耗水量为 250.68 亿 m^3（2007 年），最大总耗水量为 292.88 亿 m^3（2015 年），且黄河流域农田灌溉耗水量占黄河流域总耗水量的比例呈先增大后减小的趋势，从 2007 年的 66% 增加到 2013 年的 67.82%，再到 2018 年的 63.38%。2013 年黄河流域总耗水量为 426.75 亿 m^3，其中农田灌溉耗水量为 289.41 亿 m^3，可见，黄河流域粮食生产对水资源表现出明显的依存关系。黄河流域是我国缺水较为严重的地区。黄河流域人均水资源量为 593 m^3，占全国的 25%；耕地亩均水资源量为 324 m^3，仅为全国的 17%，水资源量极为短缺。黄河流域在维护国家粮食安全中发挥着重要作用，然而其有限的水资源量制约着粮食产量的增加。

（三）黄河流域粮食生产状况

粮食为人类提供赖以生存的基础物质，黄河流域是我国重要的"粮食主产区"。黄河流域大部分地区有充足的光热资源，农业生产发展潜力巨大，尤其是黄淮海平原、汾渭平原、河套灌区，是我国农业的主产区，黄河流域在保障国家粮食安全方面发挥着重要作用。2018 年，黄河流域粮食产量为 23 268.87 万 t，占全国粮食总产量的 35.37%，其中，四川省、内蒙古自治区、河南省、山东省是国家粮食主产区，粮食产量为 19 015.40 万 t，占黄河流域粮食总产量的 81.72%，占全国粮食总产量的 28.9%。

黄河流域很早就开始开发农业经济，是我国开发最早、面积最大的粮食产区，然而流域内接近 3/4 的地区处位于干旱半干旱区，降水量少，蒸发量大，且降水时空分布不均匀，农业对水资源的依赖程度极大，流域粮食生产给水资源供给造成了巨大的压力。黄河流域灌溉技术成熟，灌溉农业在黄河流域占主导地位，农田的有效灌溉面积为 7 793 万亩，农田灌溉耗水量为 231 亿 m³，占流域总耗水量的 71.8%。它用仅占全国径流量 2% 的水，灌溉了占全国 13% 的粮田。水资源供给之间的矛盾日益突出，也对以灌溉为主体的流域内农业活动形成了巨大挑战。

三、促进土地持续利用

（一）土地可持续利用的内涵

1. 土地利用

土地利用的概念最初来自农业经济术语，土地利用是指人们出于对社会经济效益的追求，采用多种手段，基于土地的自然属性进行的具有周期和长期性质的生产活动。狭义上的土地利用是针对农用地而言，而从广义上来说，土地利用是作用于土地上的一切生产活动和非生产活动的总称。围绕土地利用，学者从不同视角给出了不同的定义，例如，土地利用是人们获取物质和能量得以自身发展的方式途径。又如，土地利用作为一个复杂的系统，是经济社会和自然环境两系统彼此作用所形成的统一整体。土地是人们生存的基本保障，因此其利用应是可持续的，治理与保护也是土地利用的内涵之一。

总体来说，人与自然的关系是土地利用的核心体现，从横向角度出发可定义为以人口系统为连接的土地生态经济系统，从纵向角度看则可界定为在多样土地利用方式下，具有差别化的土地单元通过空间拼接构建的土地利用类型系统。此外，根据性质的不同，土地利用形式可分为广度扩张和深度挖掘两种，分别代表由土地利用面积扩大而带来的土地利用率提升和由土地利用集约度强化所带来的产出效益增加。

2. 土地可持续利用

1900 年，印度农业研究会、美国农业部和美国罗德尔（Rodale）研究所在印度新德里举办的首次国际土地持续利用研讨会上正式提出了土地可持续利用这一概念。1993 年，FAO 正式颁布了《可持续土地利用评价纲要》，纲要中明确界定了土地可持续利用的原则和评价标准，5 项评价标准分别为生产性、安全性、保护性、可行性和可接受性，该纲要的颁布为世界各个地区的土地可持续利用提供了研究基础和依据。土地可持续利用是指当前的土地利用不能对后代的持续利用构成危害，即土地的利用既要满足当代人的需求，又要有利于人类今后的长远发展。

（二）引黄灌溉对土地可持续利用的影响

1. 引黄泥沙对土地可持续利用的影响

（1）对土壤质地的改良

引黄灌区主要通过引黄灌淤和浑水灌溉种稻。引黄灌淤以改造盐碱背河洼地和沙荒地为主。不同的土壤类型改造后其土壤表层的土壤质地有明显差异，容量增加，黏粒含量增加。

（2）提高土壤养分

引黄灌淤利用细粒泥沙丰富的养分，调节引水流速，控制不同沙粒的沉积位置、淤积速度，从而提高土壤养分。放淤改土是通过控制引水进入灌区的流速，淤积抬高地面，降低地下水位，从而改善土壤质地，提高土地肥力。浑水灌溉种稻可尽量使入田泥沙细化，提高土壤黏粒含量，以此增加土壤保水保肥能力。土壤质地得到改善，土壤肥力也会相应提高。

（3）对土壤表层含盐量的改变

引黄灌淤主要通过两种方式对土壤水盐运动产生影响。一是引黄放淤形成新的土层，抬高地面，从而使地下水位相对降低；或是用水中黏粒盖住原土沙粒，抑制土壤返盐。二是通过灌溉和排水冲洗盐分，减轻地表盐分积累。目前沿黄地区通过放淤灌溉等大幅度降低了地表土壤盐分含量，使得作物产量提高。

2. 引黄水资源状况对土地可持续利用的影响

近年来，黄河来水量不断减少，有"诗仙"之称的著名诗人李白那首脍炙人口的诗句："君不见黄河之水天上来，奔流到海不复回"所描绘的情景已经很难见到了。黄河水资源危机不仅表现为量的匮缺，而且还表现为因严重的水污染而造成的水质恶化、水体功能降低和丧失。近年来，黄河连年枯水，用水量及工业、生活废污水不断增加，使得黄河水污染明显加重、水质不断恶化，对沿黄地区的工农业生产、人民生活和生态环境造成了严重危害。

水质的恶化使得下游沿岸引黄灌区的土壤质量受到一定影响。近年来，黄河水体污染日趋严重，无机污染物与有机污染物混杂，沿岸土壤重金属污染逐渐显现，灌区农田引黄灌溉逐渐成为污水灌溉。一般而言，引用污水灌溉不仅可以改变土壤理化性质，导致土壤重金属含量增加，而且会造成农作物吸收过高的重金属，影响食物安全、生态安全，制约了黄河引黄灌区土地的可持续利用。

3. 引黄用水方式对土地可持续利用的影响

（1）引黄灌区节水技术落后

大部分灌区采用土渠输水，田间大水漫灌，灌溉水利用系数只有 0.4 左右。还有部分灌区，用水管理落后，灌水期间昼灌夜不灌，渠道引水量大、退水量多，大大增加了灌区土壤发生盐碱化的可能性。

（2）水资源没有得到合理利用

引黄灌区大部分地区的地下水资源较为丰富，但由于引黄便利且水费低廉，长期以来形成了依靠黄河水发展灌溉的观念。由于目前引黄水价严重偏低，灌区地下水开采利用率较低，现状地下水开采量仅占可开采量的 56%，尤其是临近黄河的地区，地面大水漫灌，很少利用地下水，地下水位高，潜水蒸发损失量大，有发生次生盐碱化的危险。这些问题的存在都对灌区土地的可持续利用产生了不利影响。

第二章　引黄灌区的泥沙承载力

本章分为灌区泥沙承载力指标的确定、灌区泥沙承载力的量化方法、灌区引水引沙能力、渠系分水分沙能力、渠道输水输沙能力、输沉区泥沙调控能力、区域堆沙容纳能力、泥沙资源化利用能力八部分，主要包括灌区泥沙承载力释义、灌区泥沙承载力指标构成分析、综合判别指标法、水沙动力分析法、分水分沙能力释义、分水分沙的作用、渠道输水能力、渠道输沙能力、输沉区泥沙调控释义、输沉区泥沙调控能力分析、黄河泥沙用于新型建材、黄河泥沙用于能源开发、黄河泥沙用于农业发展、黄河泥沙用于土壤修复等内容。

第一节　灌区泥沙承载力指标的确定

一、灌区泥沙承载力释义

承载力是指在一定条件下，承载对象承载一定规模的被承载对象的能力，研究对象的规模与最大规模越接近，则承载的潜力越小，即承载力越小，反之越大。承载力的概念含有生态、时空分布、社会经济和持续的内涵，同时具有动态性、相对极限性、模糊性和被承载模式的多样性等特点。泥沙资源的供给与水资源配置、社会经济发展、生态环境的泥沙需求之间是一种供需关系，泥沙资源与水资源的配置之间存在一定的平衡。因此，灌区不同区域的水资源利用、社会经济发展、生态环境等因素对泥沙存在一个最大的承受能力。

灌区泥沙承载力可定义为，在一定时间和空间范围内，在满足区域经济、生态环境、社会可持续发展的条件下，灌区系统需要或所能承担的最大泥沙量。当来沙量或产沙量大于区域泥沙承载力时，泥沙的存在将会是不经济的或者是有害的，对社会发展和社会环境会产生一定的负面影响。由于灌区引黄灌溉中泥沙与水流具有不可分割性，引黄灌区水资源的承载力与泥沙资源的承载力之间有着很强的相关性。

二、灌区泥沙承载力指标构成分析

泥沙承载力研究需考虑泥沙的生态效益、社会效益和经济效益。泥沙的生态效益包括提高土壤肥力、改善生态环境、减轻环境污染等；泥沙的社会效益包括减灾、减淤等；泥沙的经济效益包括提高农作物产量、提高经济收入水平、减少泥沙清淤费用、节约水资源等。

泥沙承载力的影响因素众多，包括社会历史背景、科技水平、水沙条件与资源利用程度、渠道条件、泥沙分布现状、经济发展水平及产业结构等。这些因素大多数不直接反映承载力的大小，但在一定条件下或从内部制约或从外部作用都对泥沙承载力产生影响。

用来反映灌区泥沙承载能力大小的指标，可按其表现形式分类，主要有灌区引水引沙能力、渠系分水分沙能力、渠道输水输沙能力、输沉区泥沙调控能力、区域堆沙容纳能力和泥沙资源化利用能力。前四个指标与灌区渠系水沙运动有关，主要受水流泥沙运动机理和冲淤规律的约束与控制；后两个指标则更多地受灌区社会、经济、生态环境水平的制约。基于此，我们可以根据承载力的表现形式建立评价量化指标，包括灌区引水引沙量、渠系分水分沙量、渠道输水输沙量、输沉区泥沙调控量、区域堆沙容纳量、泥沙资源化利用量六大类指标。

①灌区引水引沙能力是指灌区在主河的来水来沙条件、渠首取水防沙条件和灌区设计规模、用水方式等客观因素的限制下，可引入灌区渠道的水量和泥沙量的能力。

②渠系分水分沙能力主要包括沿灌区渠道的分支渠的分水分沙能力、泥沙入田能力、渠尾排水排沙能力。分水分沙是灌区分散处理泥沙的重要手段，它可将泥沙处理由单纯的点（沉沙池集中沉沙）转变为线（沿程分沙）和面（输沙入田）上的分散处理。

③渠道输水输沙能力是指在渠道水流和渠道边界条件下，灌溉渠道所能输送的水流和泥沙能力。影响渠道输水输沙能力的因素众多，包括引黄泥沙粒径组成、引水引沙条件（流量、含沙量）与渠道断面条件等，渠道内的水流状态、输沙状态和断面边界条件对泥沙的输移产生作用，同时泥沙的非均匀性也会对输沙能力产生影响。

④输沉区泥沙调控能力是指灌区渠道中对沉沙可用容积的调控能力。输沉区

不仅包括灌区的沉沙池，同时也包括各级输水输沙渠道；调控能力不仅包括灌区正常运行条件下对沉沙可用容积的调控能力，也包含灌区泥沙清淤能力，以及对渠道水流中不同粒径泥沙的调节和控制能力。

⑤区域堆沙容纳能力是指在不产生灾害或尽可能少地影响生态环境的条件下对区域堆积沙量的最大承受能力。要想研究生态环境与区域堆沙容纳能力的关系，就需要分析清淤挖沙堆积对环境的致灾机理与影响程度，建立气象条件与泥沙致灾的关系，分析生态环境发生变化时堆沙总量、粒径组成等泥沙要素特征值与临界条件。

⑥泥沙资源化利用能力则是指灌区利用泥沙资源的能力，灌区泥沙资源化利用的方式主要包括低产田土壤淤改和稻改、浑水灌溉引沙入田、淤临淤背沉沙、引黄淤筑平原水库、清淤造田、利用黄河淤砂制作建筑材料等。

第二节　灌区泥沙承载力的量化方法

一、综合判别指标法

灌区的经济产业构成与发展水平对泥沙资源的开发利用有着决定性的影响，灌区上下游由于泥沙淤积分布差别、社会发展水平差距等的不同，对泥沙的需求表现出显著的差异。从空间尺度上看，在距离渠首较近的位置（如输沙干渠）和淤沙较集中的地方（如沉沙池），泥沙的需求量远远小于提供量，而在灌区广阔的支、斗、农渠道和农田，泥沙的提供量远远不能满足要求。灌区上游的泥沙输沉区由于累积沉沙量大，对泥沙的开发利用能力小于现状供给条件，可用于堆沙的容积越来越小，而广大的中下游地区农业生产和经济、生活对泥沙的需求量大于供给量，希望有更多的泥沙用于房屋道路筑基和浑水入田。

灌区泥沙输送系数（*STC*）是评价泥沙远距离输送程度的指标，泥沙输送系数定义为进入支渠及其以下的泥沙量与灌区引沙总量的比值，即

$$STC = \frac{(L_x / L_0)W_1 + W_2 + W_3 + W_4}{W_0} = (L_x / L_0)X_1 + X_2 + X_3 + X_4 \qquad (2-1)$$

式中：*STC* 为泥沙输送系数；W_0，W_1，W_2，W_3 和 W_4 分别为灌区引沙量，沉沙池滞沙量，支、斗、农渠淤积量，田间滞沙量和排水系统退沙量，t；X_1，X_2，X_3

和 X_4 分别为沉沙池滞沙量，支、斗、农渠淤积量，田间滞沙量和排水系统退沙量占引沙总量的比例；L_x 和 L_0 分别为沉沙池与渠首的距离和干渠的长度，m。

灌区泥沙输送系数越小，泥沙的输送距离相对就越近，泥沙集中淤积在渠首及沉沙池附近。泥沙输送系数越大则输沙距离越远，进入灌区支渠以下的泥沙量就越大；当 $STC=1$ 时，几乎全部泥沙进入支渠以下区域。这里我们结合引黄灌区泥沙分布和泥沙处理的特点，可简单地将灌区泥沙输送按输送系数的上下区间值对半划分为近距离输沙和中远距离输沙两种输送形式，对应的泥沙输送系数范围分别为 0～0.5 和 0.5～1.0；若细分成四个区间，则中近距离输沙又可分为近距离和短距离两个等级，中远距离又可分为中距离和远距离两个等级，见表2-1。

泥沙分散度（SDC）定义为分散处理泥沙量与集中处理泥沙量的比值，用淤积在支、斗、农渠及田间的泥沙量与淤积在输沙渠、沉沙池及骨干渠道内泥沙量的比值表示，即

$$SDC = \frac{W_2 + W_3}{W_1 + W_4 + W_5} = \frac{X_2 + X_3}{X_1 + X_4 + X_5} \qquad (2-2)$$

式中：W_5 为灌区骨干渠道的泥沙淤积量，t；X_5 为泥沙淤积比例，其他符号意义同前。

随着流域含沙量的增加，流域内的泥沙在水平方向上的分布更加分散，进入支、斗、农渠和农田的比重增大；如果分散程度较低，则灌区泥沙分布不均匀，泥沙会较多地集中在干渠及沉沙池。

按照同样的方法划分，灌区泥沙分布可简单地分为"集中"和"分散"两种分布形式，对应的泥沙分散度范围分别为0—1.0和1.0以上（见表2-1）。若再细分，则集中分布又可分为强集中和弱集中两个等级，分散分布又可分为弱分散和强分散两个级别。

表 2-1　灌区泥沙分布评价指标及等级分类

指标类型	分类标准			
输送系数 （STC）	近距离		远距离	
	近距离	短距离	中距离	远距离
	0—0.25	0.25—0.5	0.5—0.75	＞0.75

续表

指标类型	分类标准			
泥沙分散度（SDC）	集中		分散	
	强集中	弱集中	弱分散	强分散
	0—0.5	0.5—1.0	1.0—2.0	大于2.0

二、水沙动力分析法

对于渠道的输沙能力，可以根据渠道排沙比 η 来判别。以下是采用水沙动力分析法获得排沙比的过程。

灌区渠道在一定时段 ΔT 内的冲淤量为其进出口泥沙量之差，即

$$W_{S淤} = W_{S进} - W_{S排} = \left[(QS)_{进} - (QS)_{排}\right]\Delta T$$
$$= (QS)_{进}\left[1 - \frac{(QS)_{排}}{(QS)_{进}}\right]\Delta T \qquad (2\text{-}3)$$
$$= (QS)_{进}(1-\eta)\Delta T$$

计算过程中排出渠道的沙量 $(QS)_{排}$ 包括两部分：渠道两侧分出的沙量 $(QS)_{分}$ 及渠道出口沙量 $(QS)_{出}$，即

$$(QS)_{排} = (QS)_{分} - (QS)_{出}$$
$$= kQ_{分}\overline{S} + Q_{出}S_{出} \qquad (2\text{-}4)$$
$$= k(Q_{进} - Q_{出})\frac{1}{2}(S_{进} + S_{出}) + Q_{出}S_{出}$$

式中：$W_{S淤}$、$W_{S进}$、$W_{S排}$ 分别为该渠道在时段 ΔT 内的冲淤量、进口泥沙量、出口泥沙量，t；$Q_{进}$、$Q_{出}$、$Q_{分}$ 分别为渠道的进口流量、出口流量、两侧分流量，m³/s；$S_{进}$、$S_{出}$、$\overline{S}$ 分别为渠道进口含沙量、出口含沙量及平均含沙量，kg/m³；k 为分沙系数。

$$\eta = (QS)_{排} / (QS)_{进} \qquad (2\text{-}5)$$

式中：η 为渠段的排沙比，即排出该渠段的沙量与引进沙量之比，可作为研究渠段冲淤特性的主要指标。

η可衡量引水挟沙能力与渠道输沙能力强弱，式（2-5）中渠道的进口泥沙量反映了水流的挟沙能力，出口泥沙量反映了渠道的输沙能力，渠道的输沙能力则与引水流量、渠道自身的断面形态有关。当$\eta > 1$时，渠段冲刷；当$\eta < 1$时，渠道淤积；当$\eta = 1$时，渠道冲淤平衡。η还表示渠道输送泥沙的效率，η越大，说明输沙效率越高，反之，则说明渠道的输沙效率较低。

当然，采用水沙数学模型研究渠道不同方案条件下的泥沙配置问题，也是水沙系统分析法的一种形式。渠道的水沙运动过程是非恒定的，冲淤状态在不断地调整变化，在某一时段内泥沙分布与渠道的流量、含沙量、水流挟沙力等因素有关，需要通过水沙数学模型模拟计算得到。由此，我们可以根据不同水沙条件、渠道边界条件、水沙调度方案的设定，得到指定条件下的泥沙分配与冲淤结果，用来分析度量渠道对泥沙的承受能力。

第三节　灌区引水引沙能力

灌区的引水能力受黄河的来水来沙条件、渠首的自然地理条件和灌区设计规模、农业灌溉方式等多种因素限制，其中黄河的来水来沙条件是灌区引水能力最重要的决定因素。

灌区引沙能力可由灌区的引沙量定量表达，灌区的引沙量由灌区的引水能力和进口的含沙量共同决定，可表示为

$$W_{S进} = \sum_{i=1}^{n} \left(Q_{进} S_{进} \right) \Delta T = W_{进} \overline{S} \qquad (2\text{-}6)$$

式中：$W_{进}$为灌区的引水量，m^3；$W_{S进}$为灌区的引沙量，t；$S_{进}$、$\overline{S}$分别为引水含沙量、引水平均含沙量，kg/m^3；$Q_{进}$为一定时段ΔT内的引水流量，m^3/s。

灌区的引水引沙能力可以采用灌区的年均引水量和年均引沙量作为判别指标。指标的约束值可采用灌区实际的长系列年引水引沙量的上下限及多年平均值。

第四节　渠系分水分沙能力

一、分水分沙能力释义

渠系的分水分沙能力主要是指分支灌溉渠的分水分沙能力、泥沙的入田能力、渠尾弃水和排沙能力。以灌区主干渠为例，分水分沙能力是指分支渠道的分水分沙能力和干区尾流的水沙通过能力；从流域的整体灌区来看，其分水分沙能力主要包括泥沙入田能力和渠系的弃水排沙能力。

支渠分沙量等于分水量和支渠引水含沙量的乘积，支渠的分沙能力可由分沙系数作为判别指标，分沙系数（又称分沙比）是指支渠引水含沙量与干渠内含沙量的比值，表达式为

$$k = \frac{S_{引}}{S_{干}} \tag{2-7}$$

式中：k 为分沙系数；$S_{引}$ 为支渠引水含沙量，kg/m^3；$S_{干}$ 为干渠内含沙量，kg/m^3。

二、分水分沙的作用

渠道的分水分沙能有效地减轻干渠的输水输沙压力，是灌区分散处理泥沙的重要手段。引黄灌区大多重视干渠的治理，注重提高干渠的输沙能力，使更多的泥沙进入支、斗渠以及田间。因此，支、斗渠的泥沙输送显得日益重要，成为浑水灌溉、输沙入田的关键所在。

第五节　渠道输水输沙能力

一、渠道输水能力

渠道输水能力决定着灌区的经济效益，而渠道输水能力通常用渠系水利用系数来评价，系数越高说明损失水量越少，则渠道输水能力就越好。虽然测定渠系

水利用系数的方法很多，但是获取的过程都比较复杂。但是，一般来说，这些方法要么工程量大，要么需要多次测量、多次观察，耗费时间久。

二、渠道输沙能力

渠道的输沙能力一方面与渠道的水力边界条件有关，另一方面也与来水来沙情况存在密切的关系，通常可用水流挟沙力来反映。由于黄河含沙量高、来水来沙情况变化大，河床冲淤调整迅速，水流的输沙能力常常相差很大。适用于黄河这样高含沙河流的具有代表性的挟沙力公式主要有引黄灌区衬砌渠道公式、张瑞瑾公式和张红武公式等。引黄灌区衬砌渠道公式是基于陈垎灌区、菏泽刘庄灌区东干渠和曹店灌区输沙渠衬砌渠道的原型观测资料建立的水流挟沙力公式，并作为引黄衬砌渠道设计的依据；张瑞瑾公式是水流挟沙力的经典公式之一，适用于黄河悬移质的输沙能力计算；而张红武公式适用于悬移质全沙的输沙能力计算，充分考虑了含沙量对输沙能力的影响，能较好地反映高含沙水流"多来多排"的输沙特性，但对进口悬移质含沙量依赖性过大。

开展引黄灌溉渠道优化设计，提升渠道输沙能力，输沙入田，不仅有利于发展黄河下游沿黄省份的农业生产，还会改善黄河下游河道条件和灌区土壤环境，有助于黄河流域的高质量发展，值得高度重视。

研究发现，引黄渠首及渠系泥沙淤积严重的原因，除运用不当外，主要是早期渠道设计不合理，没有根据可靠的河段输沙能力或不淤流速公式来核算渠道的输沙能力，更没有根据水力最优断面参数来确定渠道断面尺寸。淤积问题出现后，有关单位进行了大量实验研究，包括采用 U 形断面、增加衬砌及提高纵坡等，但缺乏基础性研究，基本上仍用 20 世纪 50 年代以来的各种输沙能力经验公式，或新增一些经验公式，以致渠首及渠系泥沙淤积改善不多，清淤泥沙不断积累，影响周边地区的环境质量。

最优断面参数可为黄河下游引黄渠道设计或改造提供新的理论支持。输沙渠道优化设计的原理与方法，同样适用于黄河下游的放淤渠道，从而实现高含沙水流远距离输送。对于放淤渠道，还可利用黄河下游滩区横比降大的优势，通过尺度相对较小的渠道将大量泥沙输送到两岸洼地或低滩。

第六节　输沉区泥沙调控能力

一、输沉区泥沙调控释义

输沉区的泥沙调控主要通过对输沉区水流中不同粒径泥沙的调节和控制，利用粗细泥沙不同的冲淤特性，改变渠道水流中泥沙的级配组成，减小粗颗粒泥沙进入下一级渠道的沙量，利用渠道水流尽可能向下游输送细沙，增大渠道水流的输沙能力，实现远距离输送更多的泥沙至田间。

输沉区的泥沙调控能力受到渠系本身沉沙容积和灌区清淤能力两方面因素的限制。泥沙的粗细颗粒具有不同的运动沉积规律，在对不同粒径泥沙的处理上应区别对待。

二、输沉区泥沙调控能力分析

（一）输沉区泥沙调控原则

输沉区的泥沙调控应以拦截粗沙为主要原则。灌区沉沙池（条渠）一般是拦截较粗泥沙和削减大含沙量，但有时也拦截较细泥沙。当引水含沙量很小时，沉沙池就会冲起前期淤积的细沙，甚至粗沙，但一般沉沙池以淤积为主。针对目前引黄灌区沉沙池淤积严重，沉沙容积大大减小的现实情况，在灌区沉沙的运行调度上，可转变引黄灌溉的思路，实行沉沙池"动水沉沙"，将沉沙条渠渠道化，提高水流在条渠内的流速，只沉粗颗粒泥沙，尽可能将更多的细沙输送至下一级渠道。

（二）沉沙池的冲淤特性

灌区沉沙池是输沉区泥沙调控最重要的区域，影响沉沙池冲淤特性的因素是多方面的，不同灌区冲淤临界含沙量是不同的，冲淤临界含沙量不仅与引水含沙量有关，而且与引水流量和引沙粒径有很大的关系。在这些因素中，引水含沙量是影响条渠冲淤的关键。以簸箕李引黄灌区沉沙条渠为例，沉沙池泥沙冲淤表现为如下规律：含沙量越大，条渠的淤积越多。这说明控制引水含沙量是很有必要的。

当含沙量较小时（如小于 5 kg/m³），条渠时常出现冲刷状态；当含沙量较大时，条渠将会淤积。就沉沙条渠实际情况（如底宽较大、流量较小、引沙较多较粗）而言，冲刷是次要的，淤积占主导地位。

第七节　区域堆沙容纳能力

鉴于引黄灌区区域堆沙对生态环境影响的严重程度，应以区域堆沙的"零增长"作为区域堆沙容纳能力的判别条件。显然，采用"零增长"模式仅从生态角度定义的极限堆沙条件，未从实际社会需求和灌区的实际出发，难以全面衡量区域堆沙的供需关系。因此，在实际分析区域堆沙容纳能力时，着眼于堆沙容量指标更为合理。

区域堆沙容纳能力主要取决于在不产生灾害或尽可能少地影响生态环境的条件下区域的可堆沙量。生态环境系统既有自然生态系统自身的地域性和继承性，同时又受到人类不同程度的调控和影响。

黄河下游引黄灌区在引水灌溉的同时引入了大量泥沙，淤积泥沙采用以挖待沉的处理方式堆积在沉沙池区和渠道两岸，清淤泥沙长期暴晒于阳光下，使堆沙颗粒含水量为零，无黏结力，成为易于搬运的散粒泥沙堆积体。引黄灌区区域堆沙改变了土壤的物理化学性质，会引起土地营养成分流失、耕地沙化等问题。在自然力的作用下，泥沙在干燥多风季节随风吹散到四周，大气成分也会受到堆沙的影响。多年累积的清淤泥沙堆积势必对灌区周边的生态环境造成危害，带来耕地面积减少、土地沙化现象严重、降低土壤肥力及恶化空气质量等生态环境次生灾害。

第八节　泥沙资源化利用能力

一、黄河泥沙用于新型建材

山东工业陶瓷研究设计院有限公司设计开展了以黄河泥沙为主要材料（占50% 以上），烧成大规格彩釉地砖的生产研究。山东交通学院的张金升、李希宁等学者通过分析黄河泥沙基本性能，以黄河泥沙为主要原料，并采用压力成型、高温烧结的方法，制备出了综合性能优异的人工防汛石材，若全部利用黄河泥沙制备的人工防汛石材代替天然青石，将大大提高经济效益。郑州大学的童丽萍、贺萍等学者利用黄河淤泥制备出了承重多孔砖砌体，并对试块沿齿缝截面的抗弯性能进行了测试，对其破坏过程、破坏形式和破坏特征进行了总结，为黄河泥沙承重多孔砖砌体进一步的研究奠定了良好的基础。山东省博兴县环境保护局的梁德亮学者通过一系列实验表明使用引黄工程排出的黄河淤泥作为原料烧制多孔砖和空心砖在技术上是可行的。山东工业陶瓷研究设计院有限公司以黄河淤泥、工业尾矿、煤矸石等废弃物制作的新型墙体材料取得了良好的社会经济效益。黄河淤沙还可以用来生产淤沙蒸压加气混凝土砌块，该产品被山东省建设厅认定为节能产品，确定为国家级星火计划项目。大连理工大学王立久、李长明、董晶亮等学者通过对黄河砒砂岩复合材料的研究，研制出了一种新的建筑材料并将其应用到淤地（拦沙）坝的建设中。

经过对黄河泥沙近 20 年的深入研究，人们对其特性有了全面而深刻的认识，并利用黄河泥沙制成了一系列建材产品，与此同时也取得了丰富的经验，在促进治河治沙、保护环境、保护生态的同时，提供了大量的基础建筑材料。利用黄河泥沙制作的建材产品尽管节地、节能，但是如果作为量大面广的建筑材料，还存在产品附加值低、市场竞争力小等问题，从而影响了人们以沙治沙的积极性，在实际的黄河泥沙综合利用中预期的理想效果很难实现。因此，如何开发一种高附加值的黄河泥沙建材产品，并赋予其新的性能，已成为人们研究的热点。

二、黄河泥沙用于能源开发

黄河流域具有丰富的矿产资源，其中已探明的煤炭储量占全国煤炭总储量的 70%，铝土储量占全国铝土总储量的 58%，稀土储量更是占了全国稀土总储量的 95%，此外，铜、铅、天然碱、芒硝、锌、铁、沸石、硫铁、石膏等储量在全国也占有重要地位。在各种矿产资源开采过程中，常常会发生塌陷、沉降等地面变形。据了解，位于黄河中游地区的神木市（县级市），矿藏采空区面积达 130 km²，形成塌陷区 72.67 km²，对当地的生态环境造成了恶劣影响。为了缓解这种能源开采带来的环境破坏，一些地区引用黄河泥沙对塌陷区进行填充，在一定程度上恢复了塌陷区的原有地貌。例如，山东省济宁市相关单位开展了利用黄河泥沙对采煤塌陷地进行充填复垦的实验，共利用黄河泥沙 168 万 t，治理塌陷地 46.7 hm³；山东省菏泽市黄河河务局也联合有关单位，计划利用黄河泥沙回填巨野煤田沉陷区；河海大学利用黄河花园口泥沙，开展了利用黄河泥沙治理水污染的初步研究，取得了初步成果。

三、黄河泥沙用于农业发展

黄河泥沙具有一定肥效，是一种优良的土壤改良剂，黄河流域引洪淤灌是泥沙资源农业利用的途径之一。引洪淤灌的形式主要有淤改、稻改和浑水灌溉三种形式，最后形成利于泥沙改良的盐碱地与坑洼地。

将附加值很高的农、渔、林业与黄河泥沙治理有机结合起来也是黄河泥沙资源农业利用的途径之一，主要表现在具有水土保持功能的"植被基"及"护沙结构"，以及将黄河泥沙所具有的矿物营养成分集合转化为适合农作物需要的农肥。另外，将黄河泥沙资源转化为其他产品，节省了输沙用水，也相当于一种黄河宏观节流措施。

四、黄河泥沙用于土壤修复

以泥沙为原料直接或经过处理后加入土壤中，可有效改善土壤的理化性质（如有机质含量、植物必需营养元素含量、阳离子交换量、土壤孔隙度、土壤含水率等），实现土壤（如盐碱土、矿山废弃地土壤等）的改良与生态修复。黄河泥沙在改造盐碱地方面已有了广泛应用，而淤泥和底泥则因富含有机质和营养元素主要应用于土壤修复。学者刘科等将河道淤泥初步筛分除杂后，添加 0.1%（占淤泥质量）的高活性氧化钙，搅拌均匀后静置 30 h，并添加 0.1%（占淤泥质量）的有机肥发酵剂，混合均匀后发酵 5 天，温度为 65 ℃左右时进行翻堆、降温，最终制得了满足《绿化种植土壤》（CJ/T340—2016）要求的有机肥。学者和苗苗等人以河道底泥、菇渣、中药渣等为原料堆肥生产三类土壤改良剂，结果表明：土壤有机碳质量分数增加的同时，酸性土壤改良剂使土壤 pH 值由 5.58 提高到 7.04；重金属污染土壤改良剂使土壤中重金属镉（Cd）的有效态总质量分数从 77% 降至 59%，重金属铅（Pb）的有效态总质量分数从 30% 降至 22%；板结土壤改良剂使土壤孔隙度从 47% 提高到 52%，土壤有机碳质量分数从 15.27 g/kg 提高到 21.79 g/kg。

五、黄河泥沙用于煤矿充填

黄河泥沙煤矿充填材料，是在高浓度胶结充填材料的基础上发展起来的一种新型煤矿充填材料。它是一种高工作性、抗离析性能好的充填材料，主要由黄河泥沙替代高浓度胶结充填材料中的煤矸石制成。施工时由现场拌和机直接制备充填料浆，配制好的料浆经过充填泵加压后，从井筒管道或者地面钻孔输送到井下，通过充填管路将充填料浆输送至充填区域，利用充填料浆自身的超高流动性能和自密实性能将充填区域完全充填，形成密实度高、结构完整、收缩变形小、水化热低、具有一定强度的大体积充填材料。在施工时，充填料浆利用自身的超高流动性能和自密实性能，减少了额外的振捣施工，提高了工作效率，同时形成的充填体也具有较高的密实度和足够的强度。

高浓度胶结充填材料所采用的原材料是胶结材料、粉煤灰、煤矸石和水。其中，胶结材料是普通硅酸盐水泥，煤矸石是成品煤矸石。从高浓度胶结充填材料概念的提出，到配合比的设计和优化，再到充填技术上的突破及在大量工程上的应用，高浓度胶结填充材料一直受到煤炭行业的广泛关注和认可。

尽管高浓度胶结充填材料在实际工程中有着大量的应用，有其他充填材料不能相比的优势，但是它也有其自身的局限性。在实际工程中高浓度胶结充填材料的制备需要大量的成品煤矸石，然而煤矸石的总量是一定的，它的利用途径涉及很多方面。在美国，煤矸石主要用于发电和土地复垦；在德国，煤矸石主要用于充填井下采空区及通过加工筛选作为建筑材料；在俄罗斯，除用作井下采空区充填材料及道路工程、建筑材料外，还可用作有机矿物肥料；在波兰，煤矸石主要用作生产水泥。在我国，煤矸石的用途也有很多，如煤矸石发电、煤矸石建材、煤矸石提取化工产品、煤矸石复垦绿化、回填矿井采空区和用作道路材料等。随着煤矸石的大量消耗，成品煤矸石的生产将难以满足高浓度胶结充填材料的需要，造成原材料的缺失，由煤矸石经过再生产加工生产成品煤矸石，定会使高浓度充填材料成本增加，造成高浓度胶结充填材料的发展举步维艰。同时，煤矸石的量也是有限的，也会面临着资源枯竭的问题，因此亟须解决煤矸石的替代品问题。另外，高浓度胶结充填材料存在一定的泌水问题，进行大体积充填时，少量的泌水也会影响充填的效果，因此高浓度胶结充填材料的泌水问题亟待解决。再者，煤矿开采充填是一个连续的过程，要求充填材料的初凝时间和终凝时间都在规定的时间范围内，即浇筑的过程中不能初凝，避免影响浇筑效果，在浇筑完成后又能在短时间内达到终凝，具有一定的强度，能够起到支撑上层岩体、保证相邻工作面正常作业的作用，高浓度胶结充填材料目前还不能达到这方面的要求。对于今后的发展而言，高浓度胶结充填材料受到了多重的限制，难以充分应用。

为了解决实际工程中存在的上述这些问题，研究出一种原材料丰富、施工技术简单、施工速度快、适用范围广、充填成本低的煤矿充填材料，黄河水利科学研究院与华北水利水电大学提出用黄河泥沙制备煤矿充填材料这一方案并进行了研究，他们用黄河泥沙替代煤矸石作为充填材料骨料，使黄河泥沙制备煤矿充填材料在成本上相比高浓度胶结充填材料降低了很多。这一方案的提出时间尚短，需要进行大量的研究工作，并在实际工程中不断总结提高，以求得到更加广泛的应用。

黄河泥沙煤矿充填材料作为一种新型的煤矿充填材料，与其他的煤矿充填材料有着很大的区别。其中，区别最大的就是固体充填材料，固体充填材料通常是煤矸石和粉煤灰，也有的用风积沙、建筑垃圾和矿渣等。而黄河泥沙煤矿充填材料中使用的固体充填材料是黄河小浪底库区超细黄河砂和粉煤灰，也就是用黄河超细砂代替煤矸石，这是在原材料上最大的区别。如果实验成功，就会从根本上解决原材料不足的问题。

可见，相比膏体充填材料和高浓度胶结充填材料，黄河泥沙煤矿充填材料最大的优势是利用黄河泥沙作为骨料制备充填材料，黄河泥沙作为原材料，资源丰富、价格低廉、可就近取材。另外，黄河每年都有大量超细砂在河床沉积，抬高水位，形成洪灾隐患。因此利用黄河泥沙制备煤矿充填材料，还会带来明显的防洪效益。

第三章 引黄灌区泥沙治理与资源优化现状

黄河是多泥沙河流，引黄灌区在引调黄河水的同时也引进了大量泥沙，清淤泥沙在沉沙池和输沙渠两侧已形成大面积的堆沙高地，由此引发了诸多问题，并直接影响到跨流域调水任务顺利实施和引黄灌区可持续发展。因此，应进一步加深对引黄灌区泥沙治理与资源优化的现状分析，以期在此基础上提出有效的泥沙治理措施。本章分为引黄灌区的泥沙问题、引黄灌区泥沙的资源利用现状、引黄灌区面临的机遇与挑战三部分，主要包括引黄灌区的泥沙问题分析、引黄泥沙问题产生的原因、引黄泥沙资源的主要利用类型、泥沙资源利用中存在的问题等内容。

第一节 引黄灌区的泥沙问题

一、引黄灌区的泥沙问题分析

在黄河流域，一般淤地坝和小支流拦沙坝缺乏泄洪设施、短期内粗细都拦、效率低、寿命短、排洪条件差、易溃决、维护和修复困难。同时，随着气温升高或雨带北移和暴雨强度增加，流域侵蚀和泥沙增加的预期风险也很大，大量积累在沟道中的泥沙若"零存整取"，或成为威胁下游安全的风险。中游大型水库都以为下游防洪减淤名义规划建设，但实际在发电等兴利方面作用更大。

目前大型水库实际排沙比都很小，可长期利用减淤的库容非常有限。当前的基本事实是，黄河整体排沙比很小而且越来越小，水土保持主要依靠坝系，大坝上游沟谷堆积大量泥沙的同时下游变清。

二、引黄泥沙问题产生的原因

黄河地区引黄泥沙问题产生的原因非常复杂，自然地理环境、引水引沙条件、泥沙处理方法、工程设施状况、运行管理费用、农业种植结构等多种自然和人为因素共同影响、相互叠加，使引黄泥沙在区域内的分布状况、转化利用、环境影响等方面差异巨大，给引黄泥沙的转化利用造成了很大困难。

引黄灌区一般采用泥沙利用、处理和输送相结合的基本原则，采取"拦、蓄、排、放、调、挖"相结合的泥沙处理策略，但并没有从根本上解决引黄灌区的泥沙问题，其主要原因有以下六个方面。

（一）地势平坦，不利于引黄泥沙输送

这里以黄河三角洲地区为例进行具体说明。黄河三角洲地区是黄河流域的重要地区之一，属于华北大平原的一部分，主要有黄河泛滥冲积平原、黄河三角洲冲击海积平原两种地貌类型，系黄河现行河道及历次决口冲积扇堆积而成。区域内地势平坦，坡度较小，自然比降为 1/8 000 ～ 1/15 000，由西南向东北倾斜。黄河自 1855 年改道北流以来，河床已高出平地 10 m 左右，区域内以黄河河床为骨架，构成地面的主要分水岭。

由于黄河三角洲地区地势低平，渠道坡降平缓，一些引黄灌区的沉沙池地面低于河床，不利于引黄泥沙的输送，这种独特的自然地理条件决定了黄河三角洲地区的引黄泥沙只能沉积于各灌区内部的洼地，使引黄泥沙难以在灌区范围内进行有效处理。

（二）引黄泥沙在灌区范围内产生不均匀分布

引黄泥沙在灌区的不均匀分布是导致泥沙问题产生的重要因素。由于区域内地势平坦，泥沙输送困难，80% 的泥沙淤积在渠首沉沙池和干支渠系，入田和入排水河道的泥沙约各占 10%。20 世纪 80 年代后期，我国开始对老灌区进行大规模改、扩建，通过优化水沙调度、渠道衬砌、工程改造等增加干、支渠系的输沙能力，沉沙方式逐渐向多元化发展。

目前，引黄灌区主要根据各自的沉沙条件、工程配套，结合水沙运行管理状况选择沉沙方式，尽量增加入田泥沙的数量。其中，沉沙方式主要有沉砂池集中沉沙、远距离输沙沉沙和浑水灌溉等集中和分散相结合的沉沙方式。

我们通过调查黄河地区典型灌区引黄泥沙淤积与分布状况可以发现，进行大规模改、扩建后，通过优化水沙调度、渠道衬砌等增加渠系输沙能力，把泥沙远距离输送到田间进行分散沉沙，可使入田泥沙量增加 30% ～ 40%。虽然各灌区沉沙方式差异较大，但受渠道输沙能力、水沙运动规律等诸多因素的限制，引黄

泥沙仍然比较集中地沉积在灌区上、中游地区的沉沙池、干支渠系和田间三个部位，平均各占 1/3 左右，5% 进入排水河道。除进入田间的部分外，淤积在其他部位的泥沙均需要清淤。清淤不仅所需费用较高，而且泥沙堆积、占压土地，导致灌区土地退化、沙化与生态环境恶化等诸多问题，成为引黄灌区面临的主要难题之一。

（三）长期沉沙使引黄灌区沉沙条件日益恶化

黄河三角洲多数引黄灌区始建于 20 世纪五六十年代，主要采用渠首集中沉沙。经过 50 多年的发展，灌区沿黄两岸的盐碱低洼地，经过引黄放淤后基本变成了良田，可沉沙的洼地已基本用完。随引黄时间延长，沉沙条件日益恶化，渠首土壤沙化严重。引黄泥沙处理带来渠首沙化、堆沙场地殆尽、生态环境恶化、弃水弃沙带来的河道淤积等问题越来越突出。特别是颗粒较粗的泥沙集中淤积在沉沙池和渠道两侧的狭长地带，随引黄时间延长，沉沙条件日益恶化，渠首土壤沙化严重，极易形成引黄灌区上游受害、下游受益的局面，引发严重的社会问题。引黄灌区每年要耗费大量人力、物力和财力进行清淤，才能保证灌区水利工程的正常运行。

以滨州市簸箕李引黄灌区为例，1985—2006 年，簸箕李引黄灌区多年平均引水量为 4.66 亿 m^3，多年平均引沙量为 406.73 万 t，长期渠首沉沙导致引黄泥沙形成累积性堆积，形成了滨州市区域范围内唯一的土壤类型——风沙土，引起了区域土壤沙化、土地退化、生态环境恶化。

（四）引黄泥沙需求、供给、分配严重失衡

引黄灌区渠首经过长期集中沉沙已成为泥沙危害最严重的区域，对泥沙需求量较小。受取水引沙过程中水沙不均匀分布等多种因素的影响，目前多数灌区渠首沉沙比例依然较高，且沉积的泥沙颗粒粗大，使需沙量小且不需要粗沙的区域沉积了大量粗沙，加重了渠首沙化和生态环境恶化。灌区中、下游地区对泥沙（特别是粗沙）需求量大，由于多数灌区不能实现远距离输沙，有些需要粗沙的区域沉积的是细沙，或根本无沙可用，造成引黄泥沙在灌区范围内的需求、供给、分配严重失衡，在一定程度上制约了引黄泥沙的有效利用。

（五）引黄泥沙利用研究薄弱

引黄泥沙资源利用研究薄弱是导致泥沙问题不能真正解决的最主要原因。长

期以来，人们习惯把泥沙作为导致灾害的物质来考虑，随着人们对社会环境需求和水沙资源认识的不断提高，泥沙资源化利用逐渐受到重视，泥沙资源在国民经济建设中已开始发挥一定的作用。

由于泥沙问题的产生源自自然、社会、经济等诸多方面的因素，泥沙问题的治理，有赖于不同部门、不同地区、不同层次的协调一致的综合措施。这就决定了泥沙资源利用研究是一门跨学科的科学，要想实现泥沙资源在环境中的有效利用，必须找准泥沙在不同区域生态系统中自然资源的准确定位，因此，泥沙资源利用研究涉及水利、土壤、地理、环境、农业等多种专业，涉及面广，横跨多个领域，给泥沙利用研究带来了巨大困难。我国各引黄灌区无数泥沙治理的正反两方面的经验说明，必须在泥沙利用方面有所突破，才能解决复杂的泥沙问题。

（六）泥沙资源优化配置研究存在问题

水流是影响泥沙运动的最重要因素，目前泥沙资源配置主要根据水沙分布规律，考虑经济、生态等效益进行多目标调控。由于泥沙问题涉及的因素种类多、数量大，当面对不断变化的生态系统和一系列错综复杂的关系时，现有的泥沙资源配置经常对某些不易量化的目标进行概化，造成结果与实际要求之间总存在一定距离。另外，配置方法主要以调水调沙、挖泥疏浚、运输堆放等工程技术手段为主，配置手段单一。过多的采用工程技术手段往往使原本复杂的水文、植被、地貌等自然演变过程单一化，降低了生态系统的活力及防御能力，导致生态系统脆弱，使生态系统在异常的自然变化下无力抗御、恢复而产生退化。

泥沙是一种复杂的自然资源，其数量和质量变化对大范围的社会、经济和环境系统都会产生重大影响，任何单一的、简单的管理行动都会导致各种不可预料的结果。目前，以水沙调控为主的泥沙资源配置，可以使引黄泥沙在灌区范围得到合理分配，降低集中沉沙的压力。但是，仅靠目前的泥沙资源配置，永远不可能真正解决引黄泥沙问题，关键在于缺乏有效的泥沙利用。因此，泥沙资源利用研究薄弱是制约泥沙研究取得突破性进展的关键，也是泥沙问题没有得到真正解决的原因。

第二节　引黄灌区泥沙的资源利用现状

一、引黄泥沙资源的主要利用类型

我国各引黄灌区一般采用泥沙利用、处理和输送相结合的泥沙处理原则，包括渠首集中沉沙、远距离输沙沉沙、渠系清淤、淤改稻改、淤临淤背、建材建工和浑水灌溉等方式。每一种利用方式都是在不同历史时期、根据当时的经济技术条件产生的，因而在生产实践中带有一定的局限性，影响了引黄泥沙资源的有效利用。

（一）生态建设

黄河泥沙资源在生态建设方面的利用主要体现在填海造陆和生态维持两个方面。

在填海造陆方面，在山东省东营市垦利区，黄河挟带着黄土高原的大量泥沙注入渤海。在入海口处，由于流速缓慢，大量泥沙便在此落淤，形成黄河三角洲。1976—2001 年，黄河三角洲新生陆地面积达 442 km²，日益增长的新生土地为我国东部沿海地区提供了丰富的土地后备资源。

在生态维持方面，黄河三角洲平均每年以 2 ～ 3 km 的速度向渤海推进，形成大片的新增陆地，面积逐年扩大，生态类型独特。同时，黄河三角洲地处北温带，气候适宜，适合各种动植物生长，现在已成为大量鸟类迁徙的必经之地。

由于一定客观条件的限制，这种泥沙利用方式并不能适用于所有地区。

（二）放淤改土

从 1958 年打渔张引黄灌区在涝洼盐碱地放淤种稻开始，放淤改土成为利用引黄泥沙量最大的途径，现已发展成淤临固堤、淤滩改土、淤串沟、淤村塘等多种形式。放淤改土需要合适的洼地进行集中沉沙，因此多分布在灌区上游，特别集中分布在渠首地区。经过长期灌溉沉沙和放淤改土，各灌区渠首的盐碱洼地已基本用完，沉沙放淤场地受到一定限制。有些灌区采用远距离输沙技术已实现在灌区中游的低洼盐碱地放淤。目前黄河地区多数引黄灌区的下游地区，虽有大面积低洼盐碱土地，但受多种因素的制约，导致泥沙输送困难，缺乏淤改泥沙，土壤无法改良。

（三）淤临淤背和沉沙固堤

利用大量清淤泥沙加固黄河大堤的淤临淤背技术是引黄泥沙利用的另一条重要途径，具有防洪、减灾等显著的社会效益。随着黄河三角洲区域内黄河标准化堤防建设工程的基本完工，引黄灌区渠首淤临淤背用沙量已经很少。

有的灌区采用沉沙固堤技术将沉沙池与蓄水水库结合，在沉沙固堤的同时也修建了许多平原水库。目前，黄河三角洲地区已建成 100 万 m^3 以上的平原水库 82 座，占山东省平原水库总数量的 80%，水利体系已初具规模，因此，沉沙固堤的用沙数量也将受到一定限制。

（四）建材加工

黄河泥沙颗粒细、利于成型焙烧，是做黏土质砖瓦的理想原料，已广泛用于制砖瓦、人工石材和建筑土料，应用前景十分广阔。现在利用黄河泥沙制砖的市场需求较大，其他用量相对较小。由于砖瓦属地方建材，质重、量大、不宜长途运输，合理运输半径 <50 km，最大运输距离不宜超过 100 km。因此，泥沙制砖主要集中在黄河两岸约 100 km 的范围内使用。由于建材加工受经济建设、建筑市场需求、经济技术条件等各种因素的限制，因此转化利用的泥沙数量有限。另外，砖厂主要使用黄河泥沙中的黏粒和粉粒，基本不使用粗沙和沙粒。

（五）浑水灌溉

将引黄泥沙直接输入田间的浑水灌溉方法，是化解集中沉沙压力、实现泥沙土地资源化利用的有效方法，也是目前黄河三角洲地区引黄泥沙转化利用的主要途径之一。黄河三角洲多数灌区都在采用浑水灌溉技术，可利用泥沙约占引沙总量的 30% ～ 40%。但浑水灌溉要求渠道应具备一定输沙能力、比降大于 1/5 000、优佳的渠道断面形式和渠道衬砌等，并使输沙渠道在设计条件下良性运行。黄河三角洲地区地势平坦，以现有的经济、技术和自然环境条件都不可能将全部泥沙输入田间，从而导致大部分泥沙集中淤积在输沙渠和骨干渠道上，不仅需要清淤，而且入田泥沙还在一定程度上改变了土壤性状，并对灌区土壤和生态环境质量产生了一定的影响。

（六）充填采空区

　　黄河流域煤炭资源十分丰富，储量约占全国总量的67%，主要分布在内蒙古、山西、陕西、宁夏、河南、甘肃、山东等地，大部分的煤矿开采因没有及时充填导致土地下陷，对周边的环境产生了严重的污染。为了治理环境污染，恢复采空区原有地貌，解决"三下"（建筑物下、铁路下、水体下）压煤问题，不少煤矿开采企业都开始研究和推广绿色煤矿充填开采技术。但是充填材料的成本一直是阻碍充填开采技术广泛应用的主要因素。

　　近年来，随着国家与社会对能源开发的重视及人们环保意识的不断增强，黄河泥沙作为一种资源得到了广泛关注。利用黄河泥沙作为煤矿采空区充填的原材料，既能消耗大量淤积泥沙，缓解黄河泥沙淤积情况，又能降低采空区地质灾害，降低充填开采成本。

　　具体来讲，提高引黄充填复垦农田生产力有利于改善复垦农田质量、增加农民收入，对推广引黄充填复垦采煤沉陷地有重大意义。但这项工程需要多方面的努力，具体可以采取以下一些策略。

　　第一，采用夹层式充填复垦技术，构造多层次土壤剖面。土壤剖面构型对于土壤的水、肥、气、热等供给调节具有重要意义，合理的土壤剖面构型，利于土壤发挥对植物的调节作用。采煤沉陷地失去了正常农田所具有的能力，在复垦过程中应重视对土壤剖面构型的重塑。通过研究发现，夹层式充填复垦技术构造出的多层次土壤剖面，在缺乏一定覆土厚度的情况下，可以达到和正常农田同样的效果，即可以提高复垦农田作物的产量。

　　第二，在复垦过程中，应保持一定厚度的覆土层。通过研究发现，覆土厚度会影响农作物产量，在一些研究区内随着覆土厚度的减少，作物产量呈现递减趋势。在采煤沉陷地复垦过程中，随着覆土厚度的增加，农作物产量也会增加。一定厚度的覆土层，对土壤的颗粒组成、孔隙度、入渗特征、土壤呼吸、有机质、养分含量、酸碱度等理化性质有很好的改善，会提高土壤环境质量，为绿色植物生长提供一个良好的自然环境，从而促进农作物产量增加。此外，通过研究还发现，最利于植物生长的覆土厚度在70 cm左右。

　　第三，在充填复垦过程中，应注意复垦工艺的更新。泥沙充填复垦工艺和施工过程会影响复垦后土壤的理化性质，进而影响农作物生长和产量。文献研究发现，采用泥沙充填复垦前需要对泥沙的颗粒组成和环境质量等进行分析，以减少泥沙污染对充填复垦的影响；合理设计充填复垦条带宽度，减少施工过程中挖掘机、推土机等工程机械作业对土壤结构的破坏和对土壤多次的扰动，可以提高复垦土地整地效果和土壤质量；控制好沉沙排水速度，减少泥沙中营养元素的流失，会使复垦农田肥力提高。

在实际的泥沙处理过程中，容易造成环境污染等相关问题，因此，在利用引黄泥沙充填采空区时应慎重。

二、泥沙资源利用中存在的问题

目前，世界上每个区域面临的生态环境问题都有所不同，但问题产生的原因和影响机理却高度相似——资源利用与管理。在我国几乎所有的区域环境问题都与自然资源利用与管理密切相关。过去引黄灌区对严重的泥沙问题，只考虑如何减沙消灾，很少考虑在除害的同时对引黄泥沙进行资源化利用。

20 世纪 80 年代以来，人们开始把黄河泥沙作为灌区自然资源的一部分，一些有条件的引黄灌区使用多种方法对泥沙资源进行有效利用，取得了各种宝贵的经验。但无论是引黄泥沙资源利用的理论体系、研究方法还是泥沙利用的实际操作过程都存在一些问题，致使泥沙问题一直伴随着引黄灌区运行的整个过程，成为黄河地区各种生态环境问题的主要根源和制约区域可持续发展的关键因素。

（一）缺乏系统的泥沙利用理论框架

泥沙资源转化利用研究是一个多学科交叉的边缘课题，研究内容十分广阔，技术难度很大。在引黄灌区 60 多年的建设发展过程中，泥沙资源利用问题一直没有得到真正解决的原因就在于缺乏一套综合、系统的理论框架和科学的指导体系。在生态系统中，很多区域泥沙问题的背后往往隐藏着极为深刻的环境问题，由于缺乏系统的理论体系作为指导，不能从根本上把握引黄泥沙与区域生态系统各要素之间的关系及相互作用，不能预估泥沙资源利用对生态环境的影响并提前采取相应的补救措施，从而导致在泥沙利用过程中总是被动应付所出现的各种问题，造成泥沙利用在实际生产中有很大的局限性。

（二）引黄泥沙利用途径少

目前，引黄泥沙资源利用主要集中在放淤改土、沉沙固堤、建材加工和浑水灌溉四个方面。原来用沙量最大的放淤改土、沉沙固堤等受到灌区沉沙条件的制约，影响了泥沙资源的有效转化，在一定程度上限制了这些方法的使用。建材加工和浑水灌溉已成为一些引黄灌区泥沙资源利用的主要方式，但能够处理转化的泥沙数量有限。泥沙处理不当带来的渠首沙化、堆沙场地殆尽、生态环境恶化、河道淤积等各种问题越来越突出，严重影响了在黄河地区大开发过程中生态环境保护和区域可持续发展战略的实施。

以引黄泥沙利用程度较高的滨州小开河引黄灌区为例，年引沙量为 9.4×10^5 t，砖厂用沙量约为 3.0×10^5 t，入田泥沙量约为 3.0×10^5 t，每年清淤量一般在 $3.0 \times 10^5 \sim 4.0 \times 10^5$ t，这说明黄河三角洲地区每年至少有超过 40% 的引黄泥沙还未被有效利用。由于引黄泥沙利用研究薄弱，泥沙利用途径少、手段单一，使泥沙问题成为引黄灌区无法回避的一大难题，亟须开发新的泥沙利用途径。

（三）清淤费用高且对环境影响较大

黄河流域各引黄灌区的沉沙池、输沙渠基本采用"以挖待沉"的运行管理方式，每年清淤所需的费用较高。

多数灌区考虑到各县的财政状况和群众的经济承受能力，一般在保证灌区水利工程正常运行的情况下适当清淤，各县清淤量本着"谁受益，谁负担"的原则按引水量分摊。在缺少清淤堆沙场地的地区，清出的泥沙一般沿渠道两侧或沉沙池堤外堆放，形成累积性堆积，既占压农田，又造成土壤沙化，破坏了周边的生态环境，严重影响到人民的生产、生活和经济发展。

（四）缺乏综合性的泥沙研究

当前，在各种人类活动干扰下，区域环境的变化不可避免。泥沙运动在区域环境变化中的纽带作用使得泥沙研究成为区域水问题和环境问题研究的中心环节之一。泥沙是一种特殊的自然资源，经常与频发的自然灾害密切相关，长期以来被人们视为"危害和负担"。

由于泥沙问题涉及生物物理、社会经济、政治体制等诸多因素，并受到环境系统和人类行为结合等各种不确定性因素的影响，所以，泥沙问题的研究也涉及水利、泥沙、地貌、沉积、水文水环境、生态等多个学科。因此，综合性是泥沙研究的基础，也是泥沙科学存在的依据。但无论是从研究内容还是研究方法，目前的泥沙研究缺乏多学科之间的交叉与融合，在研究能力、广度和深度上进展缓慢，不利于泥沙研究水平的提高和推广应用。

（五）传统泥沙利用方式难以适应当前条件

引黄灌溉发展几十年来，各引黄灌区因地制宜，积极采取各种泥沙处理和利用的方式，治理了数十亿吨引黄泥沙，保证了引黄灌区的正常运行，在长期的生产实践中积累了丰富的宝贵经验。但是，随着引黄事业的发展和灌区累计进沙量的不断增加，引黄灌区泥沙处理条件和治理环境也在不断改变，有些传统的泥沙处理方式已不再适应当前的客观条件。在生产实践中，原来有许多简单易行的解决泥沙问题的传统方法，现在仅限于在小规模范围内有效，在大规模、高度复杂的生态环境条件下往往收效甚微，这也使泥沙资源的利用管理变得更加复杂和困难。

在当前生态环境复杂、多变的条件下，解决黄河地区的引黄泥沙问题需要对区域生态系统有深刻的理解和认识，对引黄泥沙与区域生态系统的结构、过程和关系有全面的了解，否则任何实际行动都是不完善的。这就要求管理者能够提前预测泥沙利用对区域生态环境的影响，在实践中进行动态监测和调控，在面临各种不确定问题时能够进行灵活调整，及时采取补救措施，可在一定程度上降低泥沙的不利影响，这也是黄河泥沙利用管理与区域可持续发展的重要前提和基础。

（六）泥沙与其他资源的结合需重点关注

长期以来，泥沙应用、管理和产生各种问题的影响，以及目前引黄灌区以水、沙为中心的泥沙配置模式，使人们在引黄泥沙的利用过程中，从解决泥沙问题和承担泥沙负担的角度考虑较多，在黄河三角洲这个特殊区域内，泥沙资源化利用中"水—沙—土壤—环境"的相互影响及耦合关系经常隐藏在各种现象的背后，不易被人们察觉，导致目前泥沙的资源化利用带有一定的局限性。如何把各种矛盾进行合理转化，需要准确把握生态系统中各种自然资源的内在联系与作用机理，通过科学实验验证，建立关键的理论与指导体系，把泥沙利用与土壤改良需求相结合，同时解决区域泥沙分布、利用中存在的问题。

黄河三角洲地区引黄泥沙在一定范围内的不均匀分布是影响其转化利用的重要因素。世界上不同流域都面临着泥沙在上下游之间、需求与分配之间、沉积数量与转化能力之间的多重矛盾，在一定程度上限制了泥沙的转化与利用，这也是黄河三角洲区域泥沙问题产生的根源。黄河三角洲地区的泥沙问题是我国区域性泥沙问题的典型代表，因此，可以根据黄河三角洲区域内土壤、泥沙的分布规律、性质进行相关实验研究，揭示泥沙利用、土壤改良和环境改善之间的内在机制，建立引黄泥沙优化配置机理，这不仅是解决黄河三角洲泥沙问题的关键，同时对解决我国其他区域性泥沙问题也具有重要意义。

虽然人们对未来生态系统中各种因素变化的认知永远是有限的，自然系统中的可变性和异质性也不可能在模型研究和监测系统中被全部复制。但在现有研究基础上，建立适合黄河地区生态环境特点的引黄泥沙资源利用理论框架和指导体系，对指导目前的引黄泥沙利用及解决泥沙问题具有重要意义。因此，实现泥沙资源的可持续利用是解决黄河地区引黄泥沙问题的关键。

第三节　引黄灌区面临的机遇与挑战

一、引黄灌区面临的机遇

（一）缓解水资源供需矛盾

水库蓄水实现了对下游河道的水量调节作用，充分利用水库调蓄能力将水量在时间上优化分配，可以提高下游灌溉供水保证率，使规划灌区获得最大的灌溉效益。小浪底水利枢纽建成运用后，改变了黄河下游断流与弃水并存的现象，初步扭转了黄河长期断流的严重局面，在一定程度上缓解了下游水资源的供需矛盾。

（二）改善下游生态环境

引黄泥沙是引黄灌区目前存在的主要问题，引黄灌区累计引沙总量会持续增加，而引黄灌区泥沙环境容量有限，泥沙处理的难度也必然会越来越大，问题也会愈加突出。小浪底水库建成运行初期，下游河道来沙量有一个明显的下降，引黄泥沙相对量也会减少，在一定程度上可缓解因泥沙淤积量不断增加带来的引黄灌区环境压力，为灌区泥沙处理赢得宝贵的时间。

二、引黄灌区面临的挑战

引黄灌区虽进行了多年的续建配套改造，但灌区现状仍不能适应新时代的发展要求，并面临一些挑战，主要表现在以下三方面。

（一）灌区灌排设施薄弱

目前，部分引黄灌区骨干渠道衬砌率低，建筑物配套率不高，灌区现状渠道多数仍为土渠，多为砂土、砂壤土，渠道没有防渗措施，灌溉时跑冒滴漏严重，水资源严重浪费，也容易造成泥沙淤积。一些引黄灌区范围大，还有部分灌排渠系未经改造。

（二）灌区运行效率不高

一些灌区工程虽然经过很多期的续建改造，但是灌区内仍有部分干渠淤积，渠道不能正常通水，亟须清淤整修；大部分支渠为土渠，部分支渠仍淤积不通，由于多年不通水，沿沟开荒、侵占沟渠现象较为普遍。同时，多数支渠无控制性建筑物，因灌区工程不配套、老化失修严重及管理机制不完善等导致灌区灌溉运行效率不高。

（三）灌区泥沙淤积加剧

下游引黄灌区，颇受小浪底水库运行的影响，由于小浪底水库干流库区部分泥沙淤积呈三角洲形态，还未形成稳定的锥形淤积形态，三角洲淤积体仍在向坝前扩展。支流倒灌形成泥沙淤积，而其淤积形态和淤积物组成与干流河床形态、水库运用方式、来水来沙条件等因素密切相关。

第四章　引黄灌区水流泥沙的运动规律

我国是农业大国，由于降水时空分布不均，灌溉在农业生产中有着不可替代的作用，其中渠道引水灌溉是灌区灌溉的主要形式。由于水沙具有不可分割的属性，"引水必然引沙"的自然规律不可回避，泥沙问题的处理与灌溉事业发展的矛盾影响着农业发展，甚至可能影响到社会、经济和生态环境等多个方面。因此，针对引黄灌区水流泥沙运动规律的研究对于指导引黄灌区规划、建设、管理及运行有着重要的现实意义。本章分为渠道水力特性、糙率系数、非均匀泥沙输移机理三部分，主要包括渠道水力特性影响因素分析、渠道量水槽的水力特性分析、糙率系数释义、基于神经网络的糙率系数预测模型分析、非均匀泥沙输移机理分析等内容。

第一节　渠道水力特性

一、渠道水力特性影响因素分析

渠道的良好运行会受到各种因素的影响，包括粗糙度、坡度、渠道底宽、入流方式等，这些因素都或大或小地影响着渠道的运行性能。其中，坡度不能过小，否则会造成水流壅高，渠道超负荷运行；坡度也不能过大，否则一方面会造成施工困难，另一方面会造成渠道维修不经济等方面的问题。渠道底宽不能过宽，否则会浪费人力、物力、财力等；也不能过窄，否则会造成水流壅高，导致地面漫流。渠道的功能性缺陷有沉积、结垢、障碍物、树根、浮渣等，其中沉积问题最为严重。沉积物使得渠道内部水流流速受到很大影响，能够在一定程度上影响渠道的水深变化，同时易使渠道上游运行出现过载现象，从而使渠道超负荷运行。工程应用中也迫切希望通过液位监测值来初步反映渠道内部的沉积情况。这里主要采用实验的方式，以调节变频器和阀门来选择不同流量（Q=0.5 L/s、Q=1.0 L/s、Q=1.5 L/s、Q=2.0 L/s、Q=2.5 L/s、Q=3.0 L/s）作为不同工况条件，做出不同水深—沿程曲线和总水头—沿程曲线，重点研究不同条件下渠道水力特性的受影响情况，以期为渠道等系统的设计计算提供依据。

（一）粗糙度对渠道水力特性影响分析

1. 不同粗糙度下的流速变化

研究不同壁面条件下的流速变化需要结合不同粗糙条件下的流速变化及水位高度变化。研究发现，用钢丝网的不同孔径（d）来代替不同等级的粗糙度，明显降低了渠道上游的水流流速，由于钢丝网具有一定的厚度，所以这种方法在一定程度上也属于通过减小渠道过水面积的方式来增大水流在渠中的过流流速；而不同的粗糙度主要通过增加对水流的阻力来降低水流流速，由于渠道存在一定的坡度，所以对上游流速的影响较小。因此，在实际工程中，渠道上游流速缓慢，如果存在污染物或其他物质导致的粗糙度，则上游极易发生再度沉积的现象，同时沉积上方的流速在非满流小流量时要低于无人工粗糙度时的流速，随着流量的增大，流速逐渐增大至高于无人工粗糙度时的水流流速。

2. 粗糙度对渠道水深变化影响分析

实验条件下，可以绘出 d=0 mm、d=0.9 mm、d=0.25 mm、d=0.19 mm 四种粗糙度条件下的水面曲线进行具体分析。

由此绘制的水面曲线图从左到右的坡度 i 依次为 0、2%、6%、1%。由水面曲线分析图可以得出以下结论：渠道底宽 B 相等，坡度和入流方式都一致的情况下，粗糙度越大，水面曲线上升速度越慢；相同流量下，水位最高点越低，即粗糙度越大，渠道水深变化率越大。

为了计算人工施加不同级别的粗糙度对渠道水深的影响，定义渠道的水深变化率公式如下：

$$\delta = \frac{h_1 - h_{max}}{h_1} \times 100\% \qquad (4\text{-}1)$$

式中：δ 为水深变化率；h_1 为无人工粗糙时的最大水深，mm；h_{max} 为有粗糙存在时的最大水深，mm。

为此，绘出不同条件下粗糙度对应的最大水深，依据公式计算出渠道的水深变化率。自然入流、均匀入流、集中入流三种条件下，不同坡度 i 对应的不同粗糙度 R 的水深变化率如表 4-1 所示。

表 4-1 不同壁面粗糙度的水深变化率

坡度 i	粗糙度 R	入流方式		
		自然入流	均匀入流	集中入流
0	d=0.9 mm	15.379%	14.116%	21.298%
	d=0.25 mm	27.307%	14.738%	4.152%
	d=0.19 mm	27.285%	13.775%	0.692%
2‰	d=0.9 mm	15.379%	14.116%	21.298%
	d=0.25 mm	30.995%	20.131%	21.298%
	d=0.19 mm	24.805%	18.122%	11.156%
6‰	d=0.9 mm	12.533%	15.920%	25.370%
	d=0.25 mm	12.545%	19.112%	25.370%
	d=0.19 mm	10.036%	19.080%	21.142%
1%	d=0.9 mm	14.767%	7.228%	18.256%
	d=0.25 mm	20.644%	10.340%	21.298%
	d=0.19 mm	28.042%	8.272%	19.270%

根据以上数据和粗糙度引起的水深变化率图，可以得出以下结论：在其他因素都相同的条件下，粗糙度越大，渠道的水深变化率越大。观察人工施加粗糙度由 d=0.9 mm 到 d=0.25 mm 再到 d=0.19 mm 逐渐增加的过程中，其他条件都不变（以 B=50 mm、i=0、自然入流为例），水深变化率依次为 15.379%、27.307%、27.285%，可以看出，人工施加粗糙度 d=0.25 mm 和 d=0.19 mm 两种情况下渠道的水深变化率相差不大，而在均匀入流条件下水深变化率变化不大，如 B=50 mm、i=0、均匀入流的条件下，水深变化率依次为 14.116%、14.738%、13.775%。

3. 粗糙度对总水头趋势的影响

基于相应的实验结果，可以得到 B=50 mm、i=0、R= 光滑、d=0.9 mm、d=0.25 mm、d=0.19 mm 的不同情况下总水头随沿程的变化曲线，据此可以得到两个结论：第一，无论是否施加粗糙度，得到的变化曲线始终呈沿程下降的趋势，这说明就能量而言，在流动过程中，即使有沿程流入的水流使得动能不断增加，但由于沿程流入的水流不仅速度较小，而且水膜较薄，所以导致产生的动能相对较小，因此在沿程下降的过程中，水头曲线在前期下降速度较慢，随后趋于平缓，后期接近出口处能量损失较大，下降速度则相对较快；第二，在施加人工粗糙度后，总水头下降速度明显变快，并且可以得出，随着粗糙度的减小，总水头下降速度逐渐增大。

4. 粗糙度影响分析

影响渠道内流量的参数有粗糙系数 K、渠道底宽 B、重力加速度 g、渠道长度 L、坡度 i、水深 H，根据实验数据，考虑多因素影响参数，并结合量纲分析，取 H、g 为独立变量，列出 K/B 与 H/B 在不同工况条件下的数据并绘出关系图。

根据相关实验结果可以得出：①粗糙度一定时，H/B 与 K/B 成反比，即 H/B 越大，K/B 越小。② H/B 一定时，粗糙度越大，K/B 越大。

（二）坡度对渠道水力特性影响分析

1. 坡度对渠道水深变化率影响分析

研究不同坡度条件下的流速变化需要结合不同坡度条件下的流速变化及水位高度变化。通过相关研究可知，实验条件下采用的是通过垫高水槽左右两侧的高度来达到不同坡度的方法，为了使测量结果和计算结果准确，采用激光水准仪来标定垫高是否准确，并且在供水管中间需要垫高的位置左侧垫高一半的高度，使得出流速度及其他条件保持不变。在此条件下，绘出不同坡度下的水面曲线图并进行分析。

通过分析坡度变化时水面曲线的变化规律可以看出，坡度对水深变化率具有重要影响。粗糙度、入流方式等条件相同的情况下，随着坡度的增大水面曲线上升幅度增大，相同流量下的最高水位明显降低，接近出口处的跌水位置明显后移，由于实验条件限制，模型水槽长度仅为 3.048 m，若水槽长度更长，则水面曲线上升幅度更大，拐点更加明显。

为了进一步证明实验结果与实际工程过程水流流动情况相符，并且不符合现有的谢才公式，笔者绘出了集中入流方式的水面曲线分析图，经过对比分析，可以明显看出有沿程入流的进水方式对渠道内水深变化率影响较大，尤其是自然入流条件。不同坡度条件下的水深变化率如表 4-2 和表 4-3 所示。根据表 4-2 和表

4-3 可以绘出不同条件下坡度变化引起的渠道内的最大水深变化率的分析图。

为了计算不同坡度条件下渠道的水深变化率，将渠道的水深变化率定义为

$$\delta = \left| \frac{h_1 - h_{\max}}{h_1} \right| \times 100\% \qquad （4-2）$$

式中：δ 为水深变化率；h_1 为坡度为 0 时的最大水深，mm；$h_{\max}$ 为坡度不为 0 时的最大水深，mm。

表 4-2　不同坡度条件下的水深变化率（粗糙度不变）

入流方式	坡度 i	粗糙度 R			
		光滑	d=0.9 mm	d=0.25 mm	d=0.19 mm
自然入流	2‰	5.052%	4.775%	0.590%	1.424%
	6‰	12.020%	17.962%	22.221%	23.942%
	1%	25.254%	28.919%	29.166%	24.809%
均匀入流	2‰	2.552%	4.775%	0.590%	1.424%
	6‰	3.819%	8.127%	6.381%	5.614%
	1%	7.807%	13.120%	11.341%	12.266%
集中入流	2‰	14.706%	0.664%	0.664%	5.842%
	6‰	18.166%	1.495%	1.495%	1.546%
	1%	14.706%	3.156%	0.664%	1.031%

表 4-3　不同坡度条件下的水深变化率（进水方式不变）

粗糙度 R	坡度 i	入水方式		
		自然入流	均匀入流	集中入流
光滑	2‰	10.664%	4.775%	0.664%
	6‰	12.020%	9.819%	16.436%
	1%	25.254%	7.807%	14.706%
d=0.9 mm	2‰	10.664%	4.775%	0.664%
	6‰	17.962%	8.127%	1.495%
	1%	28.919%	13.120%	3.156%

续表

粗糙度 R	坡度 i	入水方式		
		自然入流	均匀入流	集中入流
d=0.25 mm	2‰	3.849%	0.590%	0.997%
	6‰	22.221%	6.381%	1.495%
	1%	29.166%	11.341%	0.664%
d=0.19 mm	2‰	8.377%	1.424%	5.842%
	6‰	23.942%	5.614%	1.546%
	1%	24.809%	12.266%	1.031%

根据以上数据，可以得出以下结论：①在其他因素都相等的条件下，坡度越大，渠道的水深变化率越大。具体分析：渠道底宽和粗糙度不变（以 B=50 mm、R 为光滑条件为例），在渠底坡度从 0 逐渐增大到 1% 的过程中，自然入流方式的水深变化率最大，最大可达25.254%，集中入流方式次之，自然入流、集中入流、均匀入流三种入流方式的水深变化率依次为 25.254%、14.706%、7.807%；②在该种实验条件下，增大渠道壁面粗糙度，渠道水深变化率增大，最大可达 29.166%；③坡度由 2% 到 6% 再到 1% 逐渐增加的过程中，其他条件都不变（以 B=50 mm、R 为光滑条件、自然入流为例），水深变化率依次为 5.052%、12.020%、25.254%，而均匀入流条件下水深变化率增加的相对较少，如 B=50 mm、R 为光滑条件、均匀入流的条件下，水深变化率依次为 4.775%、9.819%、7.807%。综上所述，若选择过流能力最大的工程配套设施，可选择同等工况条件下，可允许坡度范围内较大坡度的设置。

2.坡度对总水头的影响

基于相应的实验结果，可以得到底宽 B=50 mm，粗糙度 R= 光滑，入流方式为自然入流，i=0、2‰、6‰、1% 的总水头沿程变化曲线，据此可以得到两个结论：第一，在粗糙度、渠道底宽及入流方式固定不变的条件下，无论渠底坡度存在与否，总水头均呈沿程下降的趋势，而导致沿程下降的主要原因就是在流动过程中，水流的机械能沿程损失，因此，总水头沿程下降，在接近出口处，下降幅度明显增大，为水头损失；第二，对整体水头曲线下降幅度影响较大的因素便是坡度，总体来讲，坡度越大，总水头下降越快。

3. 流量公式推导

根据实验数据，保持其他条件不变，根据控制单一变量的原则，即控制唯一变量而排除其他因素的干扰从而验证唯一变量的方法，对影响渠道过流能力的渠底坡度 i 进行分析，获得关于流量 Q 含有单一因素的表达式，即 $Q=27.613x^{0.4819}$，$R^2=0.9901$，表明曲线相关性良好。

（三）渠道底宽对渠道水力特性影响分析

1. 渠道底宽对水深变化影响

渠道水力特性研究中一个很重要的因素就是渠道底宽，它决定着整个渠道的水深变化，实验条件下设计出渠道底宽为 $B=50$ mm 和 $B=30$ mm 的两种工况，根据实验结果绘出 $B=50$ mm 和 $B=30$ mm 两种工况在光滑条件下的水面曲线。

根据不同渠道底宽对应的水面曲线分析，可以得出如下结论：不同渠道底宽对应水深变化不同，在粗糙度、坡度、入流方式相同的情况下，底宽越大，水深变化越大。

对渠道底宽 $B=30$ mm 和 $B=50$ mm 两种工况在集中入流、自然入流、均匀入流在不同坡度、不同流量下的水面曲线进行分析，可以得出：不同的渠道底宽对渠道内水面曲线影响较大。在渠底坡度 i、粗糙度 R、入流方式不变的情况下，渠道底宽 B 增大，渠道的水深变化率增大，即渠道的水深与渠道底宽 B 成正比，在实验条件下，渠道底宽 B 由 30 mm 增大到 50 mm，自然入流情况下的水深变化率减小 25.56%，均匀入流情况下的水深变化率最大减小 27.27%。

2. 渠道底宽对总水头影响

根据渠道底宽 $B=30$ mm 和 $B=50$ mm，坡度 $i=0$，粗糙度 R 为光滑的两种工况条件下的总水头沿程变化曲线，可以得出：①无论渠道底宽大小与否，总水头曲线沿程呈下降趋势，原因是水流流动过程中存在沿程损失。②其他条件不变，渠道底宽增大，总水头下降幅度减小，原因是当坡度、粗糙度、流量等条件不变时，根据连续性方程，得出渠道底宽 B 与渠道内水流流速成反比，即 B 增大时，水流流速降低，动能相应降低，由此使总水头线下降幅度减小。

（四）入流方式对渠道水力特性影响分析

1.入流方式对渠道水深变化影响

对于自然入流和均匀入流，在光滑的情况下，不同的坡度所对应的最大水深有所不同，但差别较小。为了计算有沿程入流的进水方式相对于集中入流的水深变化率，需要做出集中入流的水面曲线，而同等条件、相同流量下的三种入流方式所对应的水深如表4-4所示。

表4-4 三种入流方式所对应的水深

单位：mm

粗糙度 R	入流方式	坡度 i			
		0	2‰	6‰	1%
光滑	自然入流	90.6	84.66	79.71	67.72
	均匀入流	104.9	99.6	94.6	96.71
	集中入流	115.6	98.6	94.6	98.6
d=0.9	自然入流	109.34	97.68	89.7	77.72
	均匀入流	119.36	113.66	109.66	103.7
	集中入流	120.4	119.6	118.6	116.6
d=0.25	自然入流	115.3	110.9	89.71	81.7
	均匀入流	120.36	119.65	112.68	106.71
	集中入流	120.4	119.6	118.6	119.6
d=0.19	自然入流	115.32	105.66	87.71	86.71
	均匀入流	119.35	117.65	112.65	104.71
	集中入流	116.4	109.6	114.6	117.6

根据表4-4中数据和相关曲线，利用公式可以计算出不同入流方式在不同条件下的水深变化率，如表4-5和表4-6所示。

表 4-5　不同入流方式在不同条件下的水深变化率（坡度不变）

粗糙度 R	入流方式	坡度 i			
		0	2‰	6‰	1%
光滑	自然—集中	0.216%	0.141%	0.175%	0.313%
	自然—均匀	0.136%	0.150%	0.157%	0.300%
	均匀—集中	0.093%	0.010%	0.021%	0.019%
d=0.9 mm	自然—集中	0.092%	0.183%	0.244%	0.333%
	自然—均匀	0.035%	0.025%	0.222%	0.269%
	均匀—集中	0.009%	0.000%	0.053%	0.093%
d=0.25 mm	自然—集中	0.042%	0.088%	0.244%	0.317%
	自然—均匀	0.034%	0.073%	0.204%	0.234%
	均匀—集中	0.009%	0.016%	0.050%	0.108%
d=0.19 mm	自然—集中	0.009%	0.036%	0.235%	0.263%
	自然—均匀	0.034%	0.102%	0.221%	0.172%
	均匀—集中	0.025%	0.073%	0.017%	0.110%

表 4-6　不同入流方式在不同条件下的水深变化率（粗糙度不变）

坡度 i	入流方式	粗糙度 R			
		光滑	d=0.9 mm	d=0.25 mm	d=0.19 mm
0	自然—集中	0.216%	0.092%	0.042%	0.009%
	自然—均匀	0.136%	0.084%	0.042%	0.034%
	均匀—集中	0.093%	0.009%	0.000%	0.025%
2‰	自然—集中	0.141%	0.183%	0.088%	0.036%
	自然—均匀	0.250%	0.267%	0.334%	0.341%
	均匀—集中	0.042%	0.091%	0.079%	0.027%
6‰	自然—集中	0.175%	0.244%	0.244%	0.235%
	自然—均匀	0.157%	0.182%	0.204%	0.221%
	均匀—集中	0.021%	0.075%	0.050%	0.017%

续表

坡度 i	入流方式	粗糙度 R			
		光滑	d=0.9 mm	d=0.25 mm	d=0.19 mm
1%	自然—集中	0.313%	0.333%	0.317%	0.263%
	自然—均匀	0.300%	0.251%	0.234%	0.172%
	均匀—集中	0.019%	0.111%	0.108%	0.110%

综上所述，在实验条件下，无论是自然入流还是均匀入流条件都会在一定程度上影响水深，尤其是自然入流方式。相对于集中入流的方式，自然入流对水渠内的水深削减作用更大。在粗糙度不变的条件下，坡度越大，自然入流方式的水深变化率也越大，尤其是相对于集中入流方式而言。光滑条件下，水深变化率最大为 31.3%；当 d=0.9 mm 时，水深变化率最大为 33.3%；当 d=0.25 mm 时，水深变化率最大为 31.7%；当 d=0.19 mm 时，水深变化率最大为 26.3%。可以看出，在坡度不变的条件下，d=0.25 mm 和 d=0.19 mm 的水深变化率并没有成倍增大或减少，因为当钢丝网直径变大时，孔隙也相对变大，所以计算结果并未成倍增加或减少，但与 d=0.9 mm 相比，均有所减少，所以，在坡度一定的条件下，R 越大，水深变化率越小。

2. 入流方式对速度影响分析

为了与有沿程入流方式对比，实验设置了均匀入流、自然入流和集中入流三种入流方式。在布水过程中，由于配水管内外气压差的不同，所以三种入流方式均会产生大小不等的气泡，这些气泡随水流流入实验段渠道，利用产生的气泡从小孔流出到落入渠道内的流动过程来分析三种入流方式对实验段渠道水流的影响。用钢板尺来标定气泡流动过程坐标，用手机录像功能记录气泡流动轨迹过程，用 CAD 制图软件的坐标功能提取数据，分析气泡在流动过程中的速度变化。

我们通过对三种不同的入流方式产生的气泡在流向渠道时的运动轨迹进行观察分析，可以得到以下结论。

第一，在均匀入流条件下，由于有塑料挡板的阻碍作用，所以无论是否存在人工施加粗糙度，是否增加渠底坡度，水流从配水管均匀流出以后，全部经由挡板固定的均匀通道流向实验段渠道，部分水流和气泡虽有向下流动的方向，但由于配水管控制流量模拟实际工程，塑料挡板足够高，布水区域水膜较薄，且两块挡板之间距离较近，挡板完全可以阻止水流出现漫流的情况，所以基本不会出现流量过大、冲出挡板的情况。此时，实验段渠道的引流方向可以近似为垂直方向的均匀入流，这对实验段渠道内的水流本身的流态和速度影响不大，表现在水面曲线上，会在垂直方向上直接对水面曲线上升有一定的贡献。

第二，在自然入流条件下，水流从配水管的小孔流出后，会呈现斜向下的发散状流向实验段渠道，当坡度增大时，同一小孔的出流水流斜向下流动的距离也随之增加。水流从小孔内流出后，从垂直方向流入实验段渠道的情况并不多，因此垂直方向的渠道内水流的能量变化较小，表现在水面曲线上，即垂直方向增加较小，对斜向下方向的水面曲线上升贡献较大。用钢板尺来标定气泡流动过程坐标，用手机录像功能记录气泡流动轨迹过程，用 CAD 坐标功能分析气泡在流动过程中的速度变化，计算在单位距离内向实验段渠道增加的动能。

第三，在集中入流条件下，由于集中入流方式是将配水管全部的水流集中在一侧向实验段渠道释放，瞬间能量较大，所以可采取挡板固定的方法使实验条件满足集中入流的情况。在这种情况下，由于全部的水流通过有限的空间流入渠道，实验段渠道左侧的动能和势能变化明显，左侧的水流流态不稳定，较为复杂，水流波动较大。随着沿程增加，由于没有客水入流，所以不存在新增加的能量，同时又由于存在沿程损失，表现在水面曲线上，则会出现水面曲线沿程不变到沿程下降的现象。

二、渠道量水槽的水力特性分析

（一）国内外量水槽研究现状

据统计，国外学者自 20 世纪初就着手量水槽在灌区应用量水的研究。我国自 20 世纪 60 年代也开始重视农业灌溉量水工作，自此众多从事农业灌区研究的学者开始了灌区渠道量水的研究工作。量水槽是一种适用于灌区的量水建筑物，它是基于文丘里流量计原理提出的，通过自身不同外形结构进行束窄灌区明渠，当水流经过收缩段后，受过水断面减小的影响形成临界流，进而形成不受下游影响的水位流量关系，在外形结构和量水原理上有很好的继承性。量水槽因具有测量精度高、适用范围广、简单易用、水头损失低等优点而被广泛应用于灌区渠道量水。目前使用范围较广的量水槽主要有以下几类。

1. 巴歇尔量水槽

巴歇尔量水槽，其原型为文丘里量水槽。学者科恩（Cone）等人在水力实验室根据文丘里流量计原理研制出被称为"文杜里槽"的明渠量水槽，提出利用压力差推求封闭管道流量的方法，并通过实验证明了该方法同样适用于渠道流量测量。

1926 年，巴歇尔（Parshall）对文丘里槽进行了改进研究，研制出了一种由短直的束窄喉道、上游收缩段和下游扩散段组成的巴歇尔量水槽。巴歇尔用了数10 年的时间进行了大量的研究工作，为量水槽在农业灌区推广奠定了理论基础。

此外，研究中把多种实际因素考虑进流量公式的推导中，大大加快了巴歇尔量水槽的实际推广。学者徐建辉等人对巴歇尔量水槽在灌区的应用情况进行了详细介绍，实践表明，巴歇尔量水槽在灌区运行了多年，运行效果显著，量水精度较高，而且日常维护方便。此外，他们还通过实地观测、理论分析和现场实验，对巴歇尔量水槽的量水精度和平均误差进行了分析、率定，最后，全面总结了巴歇尔量水槽在灌区应用中的优缺点，推而广之，对同类量水槽的选择起到了很好的参考和借鉴作用。

学者李杰等人通过对巴歇尔量水槽水力特性的实验研究，得到了自由出流和淹没出流条件下的流量测量公式，同时分析得到了上游水深与水头损失之间的关系，对不同流量下佛汝德数的沿程变化进行了分析，从而确定了临界水深的断面位置。

学者许虎等人基于 CFD 对巴歇尔量水槽进口连接段的水力特性进行了分析。结果表明，采用进口连接段的巴歇尔量水槽相较于无连接段巴歇尔量水槽的水流流线更加平顺，无衔接段的巴歇尔量水槽水头损失更加明显。

2. 无喉道量水槽

1967 年，无喉道量水槽被首次提出。该量水槽主要由占水槽总长度 1/3 的收敛入口段和占水槽总长度 2/3 的发散段组成，其槽底保持水平，槽壁保持垂直。

此外，有学者通过进一步研究得到，在自由出流和淹没出流条件下无喉道量水槽能够有效地测量流量，在淹没出流条件下，上游测量水头在 $2L/9$（L 为水槽总长度）处，下游测量水头在 $5L/9$ 处。

3. 长喉道量水槽

长喉道量水槽由 1888 年巴赞（Bazin）设计的宽顶堰发展而来。一位英国学者根据水力学中临界能量原理设计出了第一个长喉道量水槽。

随后，一些外国学者在长喉道量水槽的基础上，进行了大量的理论和实验研究，分析了诸多水力学参数对其测流精度、渠道安全的影响；学者孙秋菊等人进一步分析了长喉道量水槽中流量与上游水位的关系，且首次利用 C 语言编程技术研发得到了集长喉道量水槽的流量公式计算、渠道体形设计和设计图纸绘制为一体的软件合集；学者张志昌等人通过模型实验得到了以圆形底为基础的长喉道量水槽测流公式；学者阮新建等人通过 1∶1 水工学模型实验论证了长喉道量水槽测流效果最好的收缩比；学者沈波等人和学者吉庆丰等人对数据编程进行了更深一步的研究，得到了计算更为简便的测流软件；学者王长德等人改进了长喉道量水槽的水头损失计算公式和测流公式。

长喉道量水槽从上游到下游与短喉道量水槽的基础结构相同，也可以分为三部分：上游渠道束窄段，下游渠道扩展段和长喉道段。与短喉道和无喉道水槽不同的地方在于长喉道量水槽的喉道一般较长且较窄，可以保证在这一段中，水位稳定保持在临界流的条件下，而稳定的临界水深可以提高水深测量的准确性，即可以推导出精确的测流公式。

过水喉道的狭长性也是长喉道量水槽最明显的特点，这也使得长喉道量水槽可以适应不同的工况，在不同灌区、不同渠道中都可以达到很好的测流效果。长喉道量水槽与无喉道量水槽相同，均具有明显的优势：施工量小，水头损失、测流精度都较巴歇尔水槽有了长足的进步。但是目前在国外灌区中应用较为广泛，我国目前应用较少。最主要原因是我国大部分地区农田灌溉用水含沙量较高，长喉道量水槽由于其喉道部分较为狭长，会导致泥沙的淤积情况较为严重，对渠道的安全有较大的威胁，所以长喉道量水槽在我国灌区中较难推广。

4. 抛物线形量水槽

抛物线形量水槽由 U 形渠道和抛物线形测流设备结合而成。该类量水槽最显著的优势是具有平滑的曲线外形，从而使过槽水流比较平稳，量水槽过流段流态的转变引起的水头损失大大降低，符合我国灌区节水用水的理念。

学者吕宏兴为更好地推广抛物线形量水槽在 U 形渠道上的应用，通过大量的实验与相关数据分析，得到了更加简便实用的显函数关系式。研究结果表明，通过量纲分析得到的流量计算公式精度较高，表明所建立的显式流量计算公式可以被推广使用，满足灌区渠道流量测量的精度要求，且减小了隐式计算公式的计算难度，为量水槽流量公式的建立提供了一种新的理论方法。

为了解决 U 形渠道抛物线形量水槽设计过程难的问题，同时量水槽设计过程中需要考虑渠道尺寸参数、允许壅水高度及临界淹没度等水力条件，学者马孝义等人采用 VB 编程，研发出抛物线形量水槽自主设计软件，根据 U 形渠道抛物线形量水槽的结构与量水原理，通过约束条件来确定量水槽的设计参数，该方法简单易用、成本低，大大推广了抛物线形量水槽的应用。

学者胡晗通过对巴歇尔量水槽和抛物线形量水槽类比研究，分析两种量水槽断面的流速分布和湍动能耗散，得出了量水槽的总水头损失曲线图。结果表明，水头损失主要集中在量水槽的喉口和扩散段，尤其是水跃发生的位置；通过两种水头损失对比发现，抛物线形量水槽的水头损失仅为巴歇尔量水槽的30%，因此，抛物线形量水槽相较于巴歇尔量水槽更加适合在U形渠道内量水。

5. 柱形量水槽

柱形量水槽包括圆柱形量水槽、三角形中心挡板量水槽、翼柱形量水槽等。柱形量水槽不需要改变渠道本身的形状，是根据灌区实际情况，将修筑好的量水槽直接安装在灌区渠道中。其最大的特点是施工成本低，具有较好的灵活性，测流结束后便可根据需要去除量水槽，不影响后续的渠道输水任务，该量水槽多用于矩形、U形等对称渠道。

圆柱形量水槽是可以直接安装于明渠上的简化流量测量装置。吴高巍和周子奎从理论上分析了圆柱形量水槽用于多种渠道测流的情况，建立了圆柱形量水槽的水位—流量计算公式，并在现场实验的基础上，结合大量的实验结果和模拟结果，量化了量水槽的直径 d 和修正系数 a。

学者何武全通过大量实验数据分析得出了U形渠道圆柱形量水槽的流量计算公式，并进行了误差分析。结果表明，实测流量和上游水深具有良好的相关关系，流量计算公式的相对误差为3.8%，并给出了合适的收缩比选取范围。此外，还有外国学者对三角形中心挡板量水槽的流场进行了实验研究，选取的量水槽由一个顶角为75°的三角形折流板组成，给定底宽，通过量纲分析，推导出了理论流量测流公式，并利用实验数据进行了标定，所提出的流量公式具有较高的精度，误差控制在5%以内。

学者刘鸿涛对翼柱形量水槽在梯形渠道和U形渠道上做了水力特性对比研究实验，通过拟合得到了自由出流和淹没出流状态下的流量公式，其中自由出流状态下最大误差为2.54%，淹没出流状态下最大误差为6.50%，二者平均误差均小于5%，满足现行渠道量水规范的误差要求。此外，U形渠道翼柱形量水槽具有较大的自由出流范围，临界淹没度可达0.890。

近年来，灌区量水工作正朝着自动化、智能化和信息化方向发展，因此，灌区节水离不开量水设施的发展。

6.机翼形量水槽

美国国家航空咨询委员会（NACA），发布了机翼形厚度的参数表达式。结合在渠道中的小阻力曲线量水技术，学者吕宏兴等人研发了一种新型的农田灌区量水设备，称为机翼形量水槽，其过流曲线结合空气动力学阻力优化知识，得到了阻力较小、过流顺畅的体形，在我国含沙量较高的末级灌区有利于泥沙的输移，不会造成淤积。他们根据新型的 U 形渠道和梯形渠道，进行了多组收缩比的机翼形量水槽模型实验，根据 π 定理和完全自相似理论分析了机翼形量水槽的测流公式及水头损失、壅水高度等水力学参数，得到了测流精度较高的水位流量公式，其流量计算误差低于 5%。学者戚玉彬、刘鸿涛等人在矩形渠道中应用了机翼形量水槽，研究了自由出流和淹没出流的机翼形量水槽的测流精度条件；现在吕宏兴结合甘肃省的一部分末级供水工程，将机翼形量水槽应用到了实际工程中，并且研发出了相结合的水位测量装置，为后期的工程维护和曲线优化提供了工程基础，孙斌基于空气动力学中的 Hicks-Henne 方程，采用多岛遗传算法，对参数多项式进行了优化，并结合 FLOW-3D 数值模拟对不同翼形的优化结果进行对比，得到了改进型机翼形量水槽多项式曲线，保持了原有的较高测流精度且降低了过流阻力和水头损失。

（二）常见量水槽的水力特性分析

为了分析 NACA 翼形量水槽、优化翼形量水槽、无喉道量水槽、翼柱形量水槽四种量水槽在渠道中的适用性，这里主要根据相关实验结果及数值模拟情况对各个水力特性进行全面类比分析。灌区量水槽测流需要保证：①流速场符合测流规律；②水面过槽时足够稳定；③量水槽的上游佛汝德数小于 0.5；④在自由出流条件下，量水槽有足够大的临界淹没度；⑤量水槽的壅水高度小于渠道允许壅水高度；⑥测流过程中尽可能地满足水头损失低的要求。接下来通过类比分析上述各项量水槽性能指标，判断其是否满足量水槽在渠道的测流要求。

1.流速场

流速分布是研究量水槽水力特性的基本元素之一。由于模型实验条件的限制，无法获得四种量水槽渐变段流速分布和沿程各断面的流速分布情况，所以采用模拟数据对其进行探究。对 NACA 翼形量水槽、优化翼形量水槽、无喉道量水槽和翼柱形量水槽流量在 15 L/s 工况下的流速场进行分析，可以得出相同流量及收缩比工况下，不同体型的量水槽水流分布有所不同，但总体趋势基本一致。

由四种量水槽渐变段流速分布可知，NACA 翼形量水槽上游流速平缓且分布均匀，水流为缓流，当水流进入量水槽后，由于受量水槽的侧向收缩影响，水面下降、流速增大，在量水槽扩散段达到最大值之后，水面抬升流速减小，渠道断面水流又恢复均匀，但下游流速高于上游流速。其他三种量水槽基本满足上述规律。优化翼形量水槽，由于外形更加符合流线轨迹，使得水流能够平稳地过渡，自由水面表面最大流速小于其他三种量水槽，最大流速为 1.4 m/s；无喉道量水槽有着更加长的过渡段，使得急流段范围更大；对于翼柱形量水槽，当水流经过翼柱时，水流被一分为二，呈对称分布，水流在量水槽末端汇合，相较于 NACA 翼形量水槽末端流速较小。

四种量水槽都由收缩段和扩散段组成，对于喉口下游部分，当水流经过喉口下游时受到惯性作用和二次流的影响，量水槽的断面流速分布发生了很大改变。这里主要通过数值模拟结果对量水槽内水流横向分布进行分析。由流量 15 L/s 时自由出流条件下各断面流速分布可知，NACA 翼形量水槽上游水流平缓、流速分布均匀，槽前流速相对较小，在距离进水口 2.5 m 的断面处流速最大，其值为 0.42 m/s。进入量水槽进水口收缩段时，由于过水断面开始收缩，流速逐渐增大且由于惯性作用流速方向发生偏转，流速分布逐渐向不均匀发展；在距离进水口 3.2 m 的断面处，靠近两侧壁的水流流速远远小于中心位置，此时最大流速集中在断面中心位置，该现象产生的原因是受二次流的影响流速场发生紊动。随着渠道进一步收窄，水流受惯性作用，水面进一步下降。在距离进水口 4 m 处，断面的最大流速为 1.12 m/s，水流到达下游渠道时，水面抬升，断面流速规律恢复到进入量水槽之前的断面分布，距离进水口 6.5 m 的断面处，最大流速位置靠近自由水面表面。喉口断面为收缩段和扩散段的过渡断面，此时渠道收缩最为严重，在喉口断面附近存在强烈的二次流作用，水流极不稳定，流速分布极其混乱。

通过分析渐变段流速分布和各个横断面流速分布可以得出，无喉道量水槽、NACA 翼形量水槽和优化翼形量水槽分布规律极为相似，其中优化翼形量水槽有着更加平稳的流速，内部流速分布更加均匀，由此得出，优化翼形量水槽有着较好的水力特性。

2. 水面线

水面线是判断量水槽过流状态的重要指标。水流通过四种量水槽时，受到不同形状侧向收缩的影响。

在自由出流条件下，四种不同量水槽在相同条件下，量水槽内水深变化规律基本一致。水流从进水口进入渠道后，上游水深比较平顺。在距离进水口 3 m 的断面处，由于受到量水槽的侧向收缩的影响，水面开始下降。通过不同量水槽在不同收缩比、不同流量下水面线的沿程变化图可以得出，四种量水槽的水面线最低点位置基本稳定在距离进水口 3.5 m 的断面处，通过量水槽后，水面线波动比较大，在量水槽的出水口段形成水跃。通过对比发现，相同条件下，无喉道量水槽的水跃最为明显，优化翼形量水槽的水流最为平稳。

在自由出流和不同收缩比条件下，各量水槽内水面线高度、水面线跌落程度、水面线最低点位置、水跃长度、临界水深位置不同。NACA 翼形量水槽在相同流量下，上游水深随着收缩比的增大而减小，而下游水深随着收缩比的增大而增大；水面线最低点位置随着收缩比的减小而向下游偏移；水跃长度随收缩比的减小而增大，水跃增长幅度随流量增加而明显。

在自由出流条件下，四种量水槽随流量的增加水面线呈现基本相同规律，当收缩比相同时，随着流量的增加上游水深有着明显的抬高。通过量水槽时水深开始下降，水面线最低点位置不随流量的增加而向下游发展。当 NACA 翼形量水槽的收缩比为 0.5 时，流量为 5 L/s，最小水深为 0.22 m，水跃长度不明显；当流量为 11 L/s 时，最小水深为 0.27 m，水跃长度约为 1.5 m；当流量为 17 L/s 时，最小水深为 0.3 m，水跃长度约为 3 m。

对比四种量水槽在不同条件下的水面线，可以得出，相同量水槽在相同流量时，水面线上游水深随着收缩比的增大而减小，水面线最低点位置随着收缩比的增大而越靠近喉口断面处；相同量水槽在相同收缩比时，水面线最低点位置随着流量的增大逐渐向下游发展，量水槽扩散段后半部分水流不稳定；相同收缩比在相同流量时，无喉道量水槽的水跃最为明显，优化翼型量水槽的水流最为平稳。

3. 佛汝德数

在水力学中，佛汝德数 Fr 是一个重要的参数，是能判别水流流态的参数，同时在量水槽水力特性探究中也是重要的参考依据。当 $Fr<1$ 时，水流流态为缓流；当 $Fr>1$ 时，水流流态为急流。其公式为

$$Fr = \frac{v}{\sqrt{g\bar{h}}} \tag{4-3}$$

式中：v 为流速，m/s；g 为重力加速度，m/s^2；$\bar{h}$ 为断面平均水深，m。佛汝德数的物理意义很有意思，把公式稍加变形就成为

$$Fr = \frac{v}{\sqrt{g\bar{h}}} = \sqrt{\frac{2v^2}{2g\bar{h}}} \qquad (4\text{-}4)$$

由式（4-4）可以看出，佛汝德数是表示过水断面上平均动能与平均势能之比的二倍开方。

从液体质点受力情况分析中也可以体现佛汝德数的物理意义。设水流质点的质量为 dm、流速为 u、$[v]$ 代表流速的量纲，$[L]$ 代表长度的量纲，则惯性力 F 的量纲公式为

$$[F] = \left[\mathrm{d}m \cdot \frac{\mathrm{d}u}{\mathrm{d}t} \right] = \left[\mathrm{d}m \cdot \frac{\mathrm{d}u}{\mathrm{d}x} \cdot \frac{\mathrm{d}x}{\mathrm{d}t} \right] = \left[\rho L^3 \cdot \frac{v}{L} \cdot v \right] = \left[\rho L^2 v^2 \right] \qquad (4\text{-}5)$$

液体重力 G 的量纲公式为

$$[G] = [g \cdot \mathrm{d}m] = \left[\rho g L^3 \right] \qquad (4\text{-}6)$$

惯性力和重力之比开方的量纲式为

$$\left[\sqrt{\frac{F}{G}} \right] = \left[\sqrt{\frac{\rho L^2 v^2}{\rho g L^3}} \right] = \left[\frac{v}{\sqrt{gL}} \right] \qquad (4\text{-}7)$$

我们不难看出，佛汝德数与这个量纲的比值相同，由此可知水流的惯性力和自身重力的对比关系式可以表示佛汝德数的力学意义。

根据流量为 15 L/s 时四种量水槽佛汝德数的沿程变化，我们可以得出，四种量水槽的佛汝德数从上游到下游先增大后减小，在量水槽的扩散段达到最大值。在量水槽上游佛汝德数小于 1，水流处于缓流状态；进入量水槽段后佛汝德数逐渐增大，在量水槽扩散段达到最大值，水流转化为急流；在量水槽下游佛汝德数逐渐减小，水流流态逐渐由急流转化为缓流。由此可以得出，无喉道量水槽下游佛汝德数明显大于其他三种量水槽，说明无喉道量水槽下游水流不够稳定，水面波动较大。

量水槽的槽前佛汝德数过大反映出量水槽上游水面波动较大，这会影响驻点水深测量的精确性，导致测量精度下降。为了保证量水槽的测量精度，一般要求量水槽上游佛汝德数小于 0.5。实验得到四种量水槽在不同工况下流量与上游佛汝德数之间的关系和范围。一般情况下，四种量水槽的佛汝德数均小于 0.4，满

足灌溉渠道系统量水规范；除此之外，四种量水槽在相同流量下的佛汝德数随着收缩比的增大而增大，在同一种收缩比下佛汝德数随流量的增大有轻微增大的趋势；在收缩比与流量相同时，翼柱形量水槽的上游佛汝德数最小，无喉道量水槽的上游佛汝德数最大。可以得出翼柱形量水槽在槽前的水流最为平稳，更有利于测量驻点水深，保证测量精度，其次分别为 NACA 翼形量水槽、优化翼形量水槽、无喉道量水槽。

4. 临界淹没度

临界淹没度是指下游水位变化刚好处于不影响渠道上游水位变化的临界状态时下游水深与上游水深的比值，即自由出流刚好转变为淹没出流时的淹没度。临界淹没度较大可以保证量水槽上游水深不受下游水深变化的影响，这样量水槽就可以在较大的下游水深变幅内处于自由出流状态。

下面通过实验对 NACA 翼形量水槽、优化翼形量水槽、无喉道量水槽和翼柱形量水槽在渠道中的临界淹没度进行测量：首先进行自由出流条件下的实验，此时，尾门完全放开，为了测得实验所需要的临界淹没度，需要调节渠道末端尾门，通过调小尾门的开度使得下游水深出现壅高，当下游水位开始对上游水位产生影响时，记录此时的下游水深和上游水深，下游水深与上游水深的比值即为临界淹没度。

流量与临界淹没度的大小关系并不明显，NACA 翼形量水槽的临界淹没度变化范围在 0.77～0.85，平均值为 0.81；优化翼形量水槽的临界淹没度变化范围在 0.77～0.95，平均值为 0.85；无喉道量水槽的临界淹没度变化范围在 0.66～0.85，平均值为 0.77；翼柱形量水槽的临界淹没度变化范围在 0.70～0.89，平均值为 0.82。对比得到四种量水槽中优化翼形量水槽的临界淹没度最大，无喉道量水槽的临界淹没度最小，由此可知优化翼形量水槽在渠道应用中具有较大的自由出流范围，适用范围较大。

5. 壅水高度

壅水高度定义为安装量水槽后上游渠道水深较原有渠道水深的增加值。壅水过高，往往需要加高渠堤从而增加投资，同时在同一流量下流速减小，还会降低明渠的挟沙输水能力，因此壅水高度也是判别量水槽优良的重要指标之一。通过实验可以得到四种量水槽在三种收缩比下的壅水高度，如表 4-7 所示。从表 4-7 中可以看出，同一种量水槽：在收缩比相同时，壅水高度随着流量的增大而增大；在流量相同时，壅水高度随着收缩比的增大而减小。经计算 NACA 翼形量水槽（Q_1）的平均壅水高度为 4.49 cm，最高壅水高度为 8.86 cm；优化翼形量水槽（Q_2）的平均壅水高度为 4.13 cm，最高壅水高度为 8.37 cm；无喉道量水槽（Q_3）的平均壅水高度为 3.79 cm，最高壅水高度为 8.11 cm；翼柱形量水槽（Q_4）的平均壅水高度为 4.70 cm，最高壅水高度为 8.88 cm。就壅水高度评价量水槽在渠道的适用性：无喉道量水槽最优，其次分别为优化翼形水槽、翼柱形水槽、NACA 翼形水槽。

表 4-7　四种量水槽在三种收缩比下的壅水高度

单位：cm

收缩比	Q_1	ΔH_1	Q_2	ΔH_2	Q_3	ΔH_3	Q_4	ΔH_4
	5	3.20	5	3.04	5	2.96	5	3.21
	7	3.80	7	3.57	7	3.27	7	3.76
	9	4.31	9	4.08	9	3.56	9	4.26
	11	4.92	11	4.61	11	4.23	11	4.94
	13	5.65	13	5.22	13	4.86	13	5.68
	15	6.28	15	5.80	15	5.43	15	6.35
0.4	17	6.96	17	6.43	17	6.09	17	7.05
	19	7.49	19	6.91	19	6.55	19	7.57
	21	7.96	21	7.36	21	7.00	21	8.11
	23	8.29	23	7.72	23	7.43	23	8.34
	25	8.53	25	8.05	25	7.72	25	8.61
	27	8.86	27	8.37	27	8.11	27	8.88
	5	1.92	5	1.85	5	1.76	5	2.20
	7	2.31	7	2.17	7	2.01	7	2.47
	9	2.82	9	2.65	9	2.14	9	2.71
0.5	11	3.29	11	3.01	11	2.60	11	3.35
	13	3.59	13	3.31	13	3.17	13	3.98
	15	4.12	15	3.79	15	3.63	15	4.45
	17	4.60	17	4.23	17	4.05	17	4.96

收缩比	Q_1	ΔH_1	Q_2	ΔH_2	Q_3	ΔH_3	Q_4	ΔH_4
	19	4.88	19	4.41	19	4.32	19	5.27
	21	5.24	21	4.73	21	4.59	21	5.65
0.5	23	5.62	23	5.03	23	4.84	23	5.93
	25	6.00	25	5.43	25	5.26	25	6.45
	27	6.50	27	5.94	27	5.76	27	7.00
	5	1.14	5	1.14	5	0.95	5	1.35
	7	1.34	7	1.28	7	0.93	7	1.54
	9	1.69	9	1.56	9	0.89	9	1.71
	11	2.15	11	1.98	11	1.35	11	2.32
	13	2.55	13	2.30	13	1.67	13	2.70
	15	2.81	15	2.55	15	2.08	15	3.21
0.6	17	3.19	17	2.92	17	2.36	17	3.54
	19	3.38	19	3.03	19	2.66	19	3.85
	21	3.59	21	3.24	21	2.77	21	4.03
	23	3.83	23	3.35	23	2.88	23	4.27
	25	4.13	25	3.69	25	3.17	25	4.60
	27	4.60	27	4.06	27	3.48	27	4.99

6. 水头损失

由于水流具有黏滞性，在流动过程中需要克服阻力继续前进，同时由于量水槽段边界条件和过流断面大小和形状的急剧变化，液体内部各流层之间就会产生摩擦阻力，水流运动必须克服这些阻力做功，进而引起水流运动机械能的损失。

量水槽测流过程中水头损失分为沿程水头损失和局部水头损失，由于局部水头损失远大于沿程水头损失，沿程水头损失可忽略不计，由此我们可以利用上游控制断面总水头和下游控制断面总水头之差计算水头损失。水头损失计算公式如下：

$$h_j = h_1 - h_2 + \frac{(v_1^2 - v_2^2)}{2g} \tag{4-8}$$

式中：h_j 为水头损失，m；h_1 为上游水头，m；v_1 为上游断面平均流速，m/s；h_2 为下游水头，m；v_2 为下游断面平均流速，m/s；g 为重力加速度，m/s²。

NACA 翼形量水槽在相同收缩比下水头损失随流量的增加而增大，水头损失百分比随流量的增加具有先增大后减小的趋势，这是因为在大流量下会出现较强的水跃；NACA 翼形量水槽在相同流量下，水头损失随收缩比的增大而减小，水头损失百分比同样随收缩比的增大而减小；优化翼形量水槽、无喉道量水槽和翼柱形量水槽具有相类似的规律。

第二节　糙率系数

一、糙率系数释义

糙率系数（简称"糙率"）是一个无量纲值，它反映了流体在流动过程中，受到河床边壁阻挠程度的大小。在曼宁公式与考虑因素更为全面的圣维南方程组中，仅有糙率系数没有明确的表达式与度量工具。糙率系数的变化并不是无规律可循的，诸多学者针对糙率系数与各要素间关系及糙率系数取值的探索，都取得了一些研究进展，但并没有构建出一个较为完善的规律体系。

（一）糙率系数的计算

虽然认识到了糙率系数的重要性，国内外的诸多学者也没有停止对糙率系数及其公式的探讨，但是多年来人们对于糙率系数的认识还不是十分的完整，不能准确地通过数学推导确定出非常精确的糙率系数。糙率系数含义本身便包含了水流中众多驳杂而细微的影响因素，客观上，人们将渠道的粗糙度、过水断面的形状和尺寸等各项要素对水流流动的阻挠作用归纳起来统称为糙率系数。

对糙率系数的研究，不应该仅局限于学术上的理论探讨，也需要许多的实测资料去进行分析论证。实测资料包含原型观测与模型观测。在 18 世纪初，国外的水利学家们通过大量的实验与原型实测资料进行了关于渠道水流流动的研究。经过时间的检验与沉淀，科学家们提出过诸多关于明渠水流的关系式，很多关系式或由于其限制条件苛刻，或由于过于复杂而被人们逐渐淘汰，最后人们普遍接受的是谢才—曼宁公式。作为第一个被人们普遍认可的糙率系数计算公式,谢才—曼宁公式为糙率系数的研究奠定了一定的基础。

美国垦务局通过对当地渠道实测数据进行深入研究和实验,建立了关于混凝土壁面糙率系数的关系式,并通过该关系式说明了一定程度上糙率系数与水力半径间的关系。

一些外国学者根据实测资料分析,提出了通过等效粗糙度 k_s 来计算糙率系数的公式。

此外,国内学者赵连军和邓安军针对黄河河道,分别提出了各自的糙率系数计算公式,其中赵连军提出的这种公式在黄河上的应用最为广泛。

国内学者杨克君等人对已有的复式河槽实测资料进行分析,通过拟合得到了计算复式河槽糙率系数的经验关系式。

国内学者步丰湖等人通过对不同衬砌渠道的糙率系数与流量间的变化关系进行实验分析,得出了关于流量与坡度的糙率系数经验公式。

国内学者陈刚等人根据 Einstein 阻力划分理论,提出了在冰盖下且在渠道为矩形的情况下的综合糙率系数表达式,并利用渠道的测量数据对其合理性进行了验证。

国内学者王万战等人通过采用参数 a 将渠道的水力半径 R、比降 J 与平均流速 v 分离开,避免了单纯依靠经验确定渠道参数的缺陷,并通过回归分析,得出当流量小于平摊流量时的糙率系数计算公式。

国内学者郭永鑫和郭新蕾等人对海森—威廉公式和曼宁公式进行了研究,结果发现对于管道而言,相较于曼宁公式,海森—威廉公式对管道不同管径的适应性要更强。

国内学者张红武等人通过动床模型实验及在计算糙率系数时引入沙粒阻力因子,最终给出了在床面沙粒与含沙量影响下的糙率系数计算公式。

上述糙率系数的计算公式,在对应的条件下都具有良好的适应性且拟合效果也很突出,但若失去相应前提条件的束缚,公式的适用性也就无从谈起。因而,在许多缺少实测资料的河道上,专家们根据以往的经验与资料提出了查表法,以便为人们在不容易界定河道糙率系数情况下的取值提供参考。

(二)糙率系数与各水力要素间的关系

关于糙率系数随各水力要素变化的基本规律,科学家们经过诸多的研究,发表了一些自己的观点。德国力学家尼古拉兹(Nikuradse)在 20 世纪 30 年代初最早采用粗糙度不同的管道进行了大量的水力学实验,即著名的尼古拉兹实验。他通过严格且系统的实验得出在管壁粗糙度不同的前提下,沿程阻力系数与雷诺数之间的变化规律是不同的,初步说明壁面条件对水流的阻挠程度呈现出一种规律性的变化。

美国学者对混凝土渠道的水力半径和糙率系数进行了相关研究,最终发现两者间存在一定的相关关系。

国内学者惠遇甲等人通过对长江某渠道的水流阻力及糙率系数进行讨论,得出了河道在宽深比较大时,随着水深与流量的加大,其各壁面对河流产生的影响逐渐加深。

国内学者吴学鹏等人试图用河道不同水深时的紊动强度去分析糙率系数的变化规律,但没有得到满意的结果。

国内学者齐鄂荣等人对某一水库库区的河道进行了一维明渠非恒定流的水力计算,并通过对其糙率系数的特性进行深入分析,最终研究发现库区河道的糙率系数与天然河流的糙率系数间存在显著差异。

国内学者马吉明等人通过对某工程进行模拟实验,得出了糙率系数不仅与粗糙度、雷诺数及水力半径有关,而且随着流量不断变大,糙率系数的值也随之增大。

国内学者赵锦程等人通过调节坡度和改变断面形状对人工明渠做了相关研究,得出了糙率系数与部分影响因素之间的变化规律。渠道中流量变化对糙率系数的影响与水流流态相关,分别在缓流、急流($1 < Fr < 1.5$)和急流($Fr > 1.5$)中各自具有不同的变化规律。在缓流中,同一流量下若佛汝德数变化,则糙率系数快速变化,而在急流中则变化不明显。此外还得出了明渠的断面形状与糙率系数变化没有相关关系。

国内学者吴思分析了在人工加糙渠道下,若佛汝德数增大,明渠糙率系数的变化规律呈现出两种趋势:当佛汝德数小于 1 时,糙率系数逐渐降低;当佛汝德数大于 1 时,糙率系数缓慢增长。在同一壁面条件下,雷诺数的变化对糙率系数没有明显影响。

国内学者张晓朋等人通过实验研究表明:当人工渠道中佛汝德数小于 1 时,糙率系数受各水力要素影响最大的是佛汝德数;当佛汝德数大于 1 时,对其影响最大的是佛汝德数和坡度。

国内学者李仟等人对梯形河道中护岸糙率系数的变化规律进行了研究,最终发现同种护岸下,渠道水深增加,河道的糙率系数亦增大。

上述研究结果针对糙率系数同水力要素的变化规律并没有得出统一的结论,

究其原因是糙率系数的敏感性及实际中渠道条件复杂多样，造成糙率系数内部系统发生不可预知的改变。故针对渠道糙率系数的研究，只通过观察某些特定水力要素的变化来定论其大致趋势的观点是片面狭隘的，并极具针对性，不宜将其直接作为糙率系数取值精准研究的唯一出发点。

（三）糙率系数的数学模型

最早是在 20 世纪 70 年代，一些学者提议在误差平方和最小化的基础上进行糙率系数反演，通过影响系数法建立相关数学模型，以此来计算明渠非恒定流的糙率系数，这一提议开创了崭新的探索方向，为后续的糙率预测模型发展奠定了一定的基础。

后来到了 20 世纪 90 年代左右，一些学者做了进一步的研究。其中，学者金忠青等人提出对传统的概念应该进行扩展，并且他们认为正问题的本身应该是对整体的一种预测，而反问题本身则是对系统进行控制，若通过对系统的控制，可以达到期望目标的方法，这些都可归于一类反问题。他们同时利用复合性算法对糙率系数进行了预测，并以某河网实例做了相关计算，该预测模型减轻了在调试参数方面的工作量，也更具规范化。另外，有学者提出了一种具有针对性的棱柱渠道模型，借鉴空气动力学研究方法，利用拉格朗日算子变分法反演计算明渠糙率系数。

2001 年，学者董文军等人将参数辨识理论与弗雷歇（Frechet）微分理念结合，建立了一个求解糙率系数的数学模型并进一步确定了目标函数的下降方向，同时应用牛顿—辛普森迭代法递推计算出了糙率系数。

2003 年，学者李光炽等人以淮河河网的实测数据作为研究对象，运用四点线性隐格式的离散法来对圣维南方程进行数值求解，并通过运用卡尔曼滤波公式解决了对糙率系数反问题的求解。

2005 年，学者程伟平等人在反演糙率系数时利用了含参卡尔曼滤波法，随后在过程中引用了广义逆和 Backus-Gilbert 法，推导出牛顿—广义逆法及自然逆方法，通过上述方法对模型的梯度下降方向进行了改进，最后对其糙率系数进行了预测。

2006 年，学者章少辉等人通过在遗传算法和地面滴灌一维模型之间创建衔接方式，构建了关于田面糙率系数的反演数学模型。

2006 年，学者霍光等人在进行河网糙率系数的计算过程中，引入了模糊数学的理论，利用多相模糊统计法与基于模糊一致矩阵的优选法，最后获得了河网糙率系数的邻域进而得出了准确的糙率系数。

2008 年，学者张潮等人在贝叶斯（Bayesian）方法的基础上，结合 BP 神经网络模型建立了对糙率系数的预测模型，节省了模型的计算时间。

2009 年，学者辛小康等人将求解一维河网的圣维南方程组与遗传算法的数学模型结合，对河网的糙率系数进行了反演并验证了模型的可靠性。

2010 年，学者王玲玲等人将东江 108 km 河道作为研究对象，提出了应用奇异矩阵分解法建立河道糙率系数预测模型的建议。

2011 年，学者李丽等人结合自适应随机搜索算法，建立了糙率系数预测模型，并对河段众多及资料稀缺河道的糙率系数进行了预测。

2013 年，学者陈一帆等人通过引入糙率系数空间分布的平滑度矩阵建立目标函数，应用广义逆理论和敏度矩阵概念来确定函数下降方向，并采用拟牛顿法逐步寻优，最终获得了预测的糙率系数。

2017 年，学者于显亮等人以水位误差平方和最小为目标，建立了一维恒定流模型，用于糙率系数的预测。

2018 年，学者葛赛等人利用多元统计分析法及支持向量机建立了糙率系数预测模型，选用了多种组合，其中，主成分分析—最小二乘支持向量机（PLS-LSSVM）模型在计算精度和运算效率方面表现得尤为突出，且避免了在预测过程中一些不必要因素的干扰。

2019 年，学者陈文学等人采用神经网络与粒子群优化的方法对输水渠道的糙率系数进行了预测，同时发现粒子群优化方法增强了模型的全局寻优能力。

2020 年，学者夏铭辉等人提出了一种应用神经网络自动率定二维河道模型糙率系数的方法，且证明了该方法的可靠性。

综上所述，糙率系数预测模型经历了一系列发展，但是模型本身的算法原理限制了其进一步的发展。大多数模型过度依赖初值的设置，并在小样本、非线性数据的学习能力方面表现较弱，极易陷入局部最优状态，同时模型的运算精度及效率也有待进一步提升。

二、基于神经网络的糙率系数预测模型分析

（一）神经网络概述

1. BP 神经网络

BP（反向传播）神经网络作为应用最为广泛的网络，它具有多层网络结构，可含有单个或多个隐含层。其网络结构如图 4-1 所示。

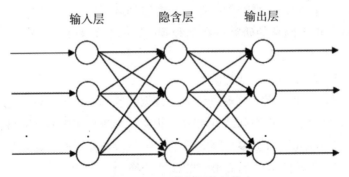

输入层　　　隐含层　　　输出层

图 4-1　BP 神经网络结构

图 4-1 描述的是一个具有单隐含层的简单三层神经网络。其中，网络第 I 层为输入层，其中包含 n 个神经元节点，其中任意一个节点用 i 来表示；第 J 层为隐含层，其中包含 t 个节点，其中任意一个节点用 j 来表示；第 K 层则为输出层，拥有 m 个节点，其中任意一个节点用 k 来表示。则该网络具有 n 个输入值与 m 个输出值，也可说该模型具有 n 个自变量，m 个因变量。W_{ij} 与 W_{jk} 则表示相邻网络层神经元间的权值。

神经网络的输入层节点数由样本的自变量数目决定，输出层节点数则取决于样本的因变量数目，而隐含层的层数及各层包含的神经元数则难以确定。

一些外国学者对 BP 神经网络非线性动力学系统的性能做了相关分析和证明，证明指出：若单隐含层前馈型神经网络是连续的，且传递函数为 Sigmoid 函数，则该网络可以逼近任何复杂的连续映射。但是确定隐含层节点数是应用中较为复杂的问题之一，一般认为，隐含层节点数在与输入层、输出层的节点数相关的基础上存在一个标准范围：若隐含层节点数高于标准范围，则会造成模型的训练次数过多，不便掌握变量间的相关规律；若低于标准范围，则认为模型的容错性低于可接受水平，其学习能力较弱。因此，依据前人诸多研究成果，一般参照式（4-9）来对隐含层节点数进行初次拟定：

$$h = \sqrt{n + m} + a \qquad (4\text{-}9)$$

式中：h 为神经网络隐含层所包含的节点数；n 为模型输入层节点数；m 为模型输出层节点数；a 为可调常数（$1 \sim 10$）。

2. RBF 神经网络

1988 年，RBF（径向基函数）神经网络作为一种新型神经网络逐渐得到应用。该神经网络具有以下优点：结构简单，可以避免不必要冗长的计算，同时具有较好的泛化能力。因此，该神经网络在人工智能领域受到了广泛关注。

关于 RBF 神经网络的研究存在两种观点。首先是函数逼近的观点。该观点认为，任何函数都可以用一组径向基函数的加权求和来表示，那么 RBF 神经网络可以用来对任意未知函数进行逼近。

其次是模式识别观点。该观点认为，在低维空间上的非线性问题，能够传递到高维空间，实现在高维空间线性可分。相比于标准的 BP 神经网络，RBF 神经网络隐含层的神经元数目更多，因此其维度更高。与此同时，输出层又是线性传递函数，能够提供从隐含层到输出层的线性变换。

3. GRNN 神经网络

GRNN（广义回归）神经网络是 1991 年由美国学者施佩希特（Specht）博士提出的。它是 RBF 神经网络的一个变种。由于它基于 RBF 神经网络，具有良好的非线性逼近性能、较高的容错性和鲁棒性，适合于求解非线性问题。与 RBF 神经网络相比，它具有更强的逼近能力和更快的学习速度，最终在样本数较多的情况下收敛到最优回归曲面，并且在样本数较少时，预测效果也较好。此外，GRNN 神经网络可以处理不稳定的数据。因此，GRNN 神经网络已广泛应用于信号处理、结构分析、控制决策系统、金融、能源等学科和工程领域。

（二）基于神经网络的糙率系数预测模型

在渠道流动的各项水力要素中，糙率系数在水流流动的过程中受佛汝德数的影响最大，其余底坡坡度、绝对粗糙度、水深及流量等都对糙率系数有重要影响。由于糙率系数的敏感性非常强，各水力要素间数量级的巨大差异会对整个模型的学习过程产生较大的不利影响，可能产生过拟合现象，故在一定程度上消除数量级不同带来的影响，可使模型更好地学习糙率系数潜在的变化规律。

在具体的实验研究中，可以采用归一化的理论对边壁绝对粗糙度 Δ 分别为 0.015 mm、1.5 mm、2.5 mm、4 mm 的渠道样本中的所有变量进行预处理，随后分别建立基于 BP 神经网络、RBF 神经网络和 GRNN 神经网络的糙率系数预测模型，确定网络的结构，对样本的规律性进行学习并预测糙率系数，最后对各预测模型计算结果的精度和可靠性做出对比与评价。

1. 基于 BP 神经网络的糙率系数预测模型

这里将通过应用 BP 神经网络来构建关于糙率系数的预测模型，将应用几种不同算法进行训练及预测。经过样本的预处理，构建基于 BP 神经网络的糙率系数预测模型的详细步骤如下。

第一，确定神经网络模型的结构。其中最重要的是采用式（4-9）对隐含层节点数做出估计，并经过具体计算比较选择精确性更高的节点数。

第二，确定网络的传递函数与模型算法。网络的模型算法在一定程度上体现了神经网络的"逻辑思维"，不同的思维方式导致网络的学习结果会产生一定的差异，故本预测模型可以选择几种常用的算法进行研究。没有传递函数的神经网络仅仅是一个线性的回归模型，而传递函数则为网络引入了非线性的激活因素，提高了模型中各神经元对传输信号的表达能力，使其能够有效地处理较为复杂的问题。

第三，初始化神经网络中的各项参数。神经网络的学习速率、神经网络训练的目标误差和最大轮回数等参数需要人工输入确定，而神经网络的权值和阈值等参数一般由网络直接随机给定。

第四，网络训练和误差反馈。将样本数据输入网络的节点中并进行运算。对各神经元的输出与样本期望输出间的误差进行分析，并将信息反馈至各神经元之间的连接权值，逐层反馈并进行调整。利用更新后的连接权值对样本重新进行计算，直至反馈出的误差达到神经网络的目标误差要求。

第五，网络模型预测。将已划分好的样本测试集输入已训练好的神经网络中进行计算，并将结果经过反归一化处理后再进行输出。根据预测结果的误差进行评价，判断是否达到期望要求。

本预测模型的精度评判参数为平均绝对百分比误差 MAPE 和均方根误差 RMSE，以此对期望输出与网络计算的预测值偏差程度做出相关分析。网络评判误差的公式为

$$MAPE = \frac{1}{m}\sum_{k=1}^{m} \frac{\left| y_k - O_k \right|}{y_k} \times 100\% \qquad (4\text{-}10)$$

$$RMSE = \sqrt{\frac{1}{m}\sum_{k=1}^{m}\left(y_k - O_k\right)^2} \qquad (4\text{-}11)$$

式中：y_k 为神经网络第 k 个数据样本的期望输出；O_k 为神经网络的预测值；m 为样本个数。

（1）传统梯度下降法下基于 BP 神经网络的糙率系数预测模型

根据已选定的自变量与因变量，确定神经网络结构为：输入层包含 4 个神经

元；隐含层节点数根据式（4-9）确定，神经元个数为 8 ~ 14；输出层则仅有 1 个神经元。算法采用传统梯度下降法。神经网络的学习速率 lr 一般在 0.01 ~ 0.1，作为控制神经网络权值及阈值的调节参数，lr 的取值应适中，使神经网络的逼近速度不会因过快而导致精度降低，弱化某项变量的影响，故根据经验取值为 0.035。神经网络的最大训练轮回数为 1 000 次，神经元间的激活函数为 Sigmoid 函数。

在传统梯度下降法下基于 BP 神经网络的糙率系数预测模型中，隐含层神经元数设置为 8、10、12、14，其预测精度如表 4-8 所示。当隐含层的神经元数为 12 时，均方根误差 $RMSE$ 为 1.50×10^{-3}，经预测模型计算，神经网络的训练轮回数均达到了最大值 1 000 次，发生过拟合现象。

表 4-8　传统梯度下降法下基于 BP 神经网络的糙率系数预测模型的预测精度

隐藏层神经元数 / 个	MAPE/%	RMSE
8	17.58	2.10×10^{-3}
10	16.38	2.00×10^{-3}
12	11.10	1.50×10^{-3}
14	13.82	1.80×10^{-3}

结果表明，当隐含层中含有 12 个神经元时，其预测模型的精确性更好，测试集误差评价指标：$MAPE$ 为 11.10%，$RMSE$ 为 1.50×10^{-3}。从绘制出的预测效果图中可看出，预测模型在精度上的表现并不理想，图中部分数据点与期望输出点相差过大，说明传统梯度下降法下基于 BP 神经网络的糙率系数预测模型没有很好地学习和掌握糙率系数的变化规律，使预测模型在计算过程中出现较大的偏差。

（2）L-M 算法下基于 BP 神经网络的糙率系数预测模型

L-M 算法在传统梯度下降法的基础结构上，对神经网络权值后期搜索方向做出了有利改进，使预测模型可以更快地逼近最优值，减少网络陷入局部最优的情况。在 L-M 算法下，保持自变量与因变量不变，神经网络结构与学习参数相同，将上述预处理后的数据带入 L-M 算法下基于 BP 神经网络的糙率系数预测模型中进行训练并掌握变量间的规律。神经网络的传递函数不变，仍选择 Sigmoid 函数。该算法下的神经网络会在权值梯度趋近于 0 时，运用牛顿法产生一个最佳值的信赖域，并计算出网络的搜索方向，使网络可以更快速地收敛。神经网络隐含层中神经元节点数可由式（4-9）初步确定，L-M 算法下基于 BP 神经网络的糙率系数预测模型的预测精度如表 4-9 所示。

表 4-9　L-M 算法下基于 BP 神经网络的糙率系数预测模型的预测精度

隐藏层神经元数 / 个	MAPE/%	RMSE
10	1.21	1.66×10^{-4}
12	0.20	2.99×10^{-5}
14	0.63	9.05×10^{-5}
16	1.01	1.47×10^{-4}

通过神经网络的训练与计算，确定 L-M 算法下神经网络隐含层的节点数量为 12 时，预测模型精度最高，神经网络训练的轮回数为 162。该预测模型的测试集误差评价指标：MAPE 为 0.20%，RMSE 为 2.99×10^{-5}。从糙率系数真实值与预测值的分布图中可看出预测模型计算所得到的糙率系数与真实值基本吻合，而绝对误差图可分析得出误差量级较小，误差基本在 10^{-4} 数量级以下，可说明 L-M 算法下基于 BP 神经网络的糙率系数模型取得了很好的预测效果。

（3）BFGS 算法下基于 BP 神经网络的糙率系数预测模型

通常来讲，牛顿法具备收敛速度更快的优势，但是为此也需要付出相应代价，即神经网络矩阵运算的困难程度大幅度增加。针对这一劣势，相关研究者积极探索，以求实现算法的改进与优化，由此得到了拟牛顿算法中的 BFGS 法。在 BFGS 算法下，神经网络结构维持激活函数、三层神经元与其他神经网络初值参数不变，并且重新计算神经网络隐含层的神经元数。BFGS 算法下基于 BP 神经网络的糙率系数预测模型的预测精度如表 4-10 所示。

表 4-10　BFGS 算法下基于 BP 神经网络的糙率系数预测模型的预测精度

隐藏层神经元数 / 个	MAPE/%	RMSE
8	5.60	8.34×10^{-4}
10	2.85	4.29×10^{-4}
12	3.69	4.95×10^{-4}
14	3.80	5.13×10^{-4}

经过神经网络的训练与预测，确定在 BFGS 算法下神经网络隐含层包含 10 个神经元时，预测模型的精度最好，且计算得到神经网络的训练轮回数为 85。

该预测模型的测试集误差评价指标：*MAPE* 为 2.85%，*RMSE* 为 4.29×10^{-4}。观察预测效果图可知：预测模型对糙率系数的部分预测值偏离真实值较大；其余部分的绝对误差都在 10^{-3} 数量级以下，糙率系数的预测值与真实值较为吻合。由此可得出，该预测模型对糙率系数的预测结果精度较好，但稳定性较弱，部分情况下预测值易发生偏离。

2. 基于 RBF 神经网络的糙率系数预测模型

相比于 BP 神经网络在整体结构上进行权值连接，RBF 网络则在输入层与隐含层之间利用基函数实行直接连接，而隐含层与输出层之间则为权连接，以隐含层局部响应的径向基函数代替了 BP 神经网络中全局响应的函数。其训练结果与初始权值无关的特性也使 RBF 神经网络的结构更为简单。基于 RBF 神经网络的糙率系数预测模型建立的步骤如下。

RBF 神经网络与 BP 神经网络相似，但隐含层神经元数是根据预测模型的训练情况确定而不再如 BP 神经网络一样进行直接设置。设置隐含层最大神经元数为 25，每次经过循环训练的隐含层神经元数都会增加 1，直至网络训练使误差达到要求，或隐含层神经元数达到 25，则训练结束。

将经过预处理的样本输入已构建好的 RBF 神经网络中，设置径向基的扩展函数 *C* 分别为 0.2、0.4、……、0.8、1 进行训练，并对测试集进行预测。

当扩展函数 *C* 为 0.1 ~ 0.4 时，随着扩展函数增大，预测精度提高非常明显；当扩展函数 *C* 为 0.4 ~ 1 时，随扩展函数增大，预测精度变化的梯度趋近于 0。当 *C* 取值为 1 时，预测效果最好。基于 RBF 神经网络的糙率系数预测模型的测试集误差评价指标：*MAPE* 为 2.66%，*RMSE* 为 3.87×10^{-4}。观察预测效果图可知，该预测模型的误差基本在 10^{-3} 数量级以下，对糙率系数的预测未出现明显偏差，由此可得，基于 RBF 神经网络的糙率系数预测模型的预测精度较好，稳定性也较强。

3. 基于 GRNN 神经网络的糙率系数预测模型

GRNN 神经网络与 RBF 神经网络同样使用径向基作为部分神经元间进行信息传输的传递函数，二者的区别在于 GRNN 神经网络在隐含层与输出层间增加了求和层，而输出层的计算方式是根据最大概率原则计算 GRNN 网络的输出，使 GRNN 网络在计算收敛方向时，计算范围更为全面，同时具备良好的非线性逼近能力。

在数据样本中，输入向量特征维度为 4，输出向量的维度为 1，且训练集有

315组数据,因此该网络的结构为(4∶315∶2∶1)。设置散布常数分别为0.1、0.2、0.3、0.4。经计算,不同散布常数下基于 GRNN 神经网络的糙率系数预测模型的预测效果如表4-11所示。表中模型运算的各项数值可反映出当网络的散布常数为 0.1 时,GRNN 神经网络对糙率系数的预测效果最好,其平均绝对百分比误差 MAPE 为 3.65%、均方根误差 RMSE 为 7.59×10^{-4}。观察预测效果图可知,基于 GRNN 神经网络的糙率系数预测模型对在 $0.01 \sim 0.014$ 范围内的糙率系数的预测效果较好,而对靠近上下边界的糙率系数的预测结果精度略低,整体而言预测效果良好。

表4-11　不同散布常数下基于 GRNN 神经网络的糙率系数预测模型的预测效果

散布常数	MAPE/%	RMSE
0.1	3.65	7.59×10^{-4}
0.2	6.55	1.20×10^{-3}
0.3	11.98	1.60×10^{-3}
0.4	17.98	2.10×10^{-3}

第三节　非均匀泥沙输移机理

一、非均匀泥沙输移机理分析

泥沙自身的特性对其在水中的运动起着至关重要的作用。泥沙的沉速是泥沙最重要的水力特征,在泥沙研究的计算中经常需要用到泥沙的沉速,例如,渠道挟沙力的计算需要用到泥沙的沉速。渠道底部存在大量的泥沙,不同粒径大小的泥沙所需要的起动条件不同,随着水流强度的增加,能被水流带走的泥沙颗粒越大。要对渠道冲刷现象进行定性和定量的分析,则需要对非均匀悬移质泥沙的起动条件有清晰的认识。将渠道水流的挟沙力与实际含沙量对比,可以直观地判断渠道所处的冲刷或淤积状态。水流的挟沙力大小决定了渠道的冲淤状态,挟沙力大于来水含沙量时渠道处于冲刷状态,否则渠道处于淤积状态,通过挟沙力的计算,可提前预知渠道的冲淤状态,便于灌区调整输配水计划,以保证渠道的正常输水能力。

（一）悬移质泥沙沉速

计算泥沙沉速，首先要确定泥沙的粒径大小。以悬移质泥沙为例，渠道中的悬移质泥沙是非均匀沙，需要进行粒径分组，并求取平均粒径的大小及沉速。粒径分组可按《河流泥沙颗粒分析规程》（SL42—2010）分为 16 个区间，如表 4-12 所示。

表 4-12　悬移质泥沙粒径分组

组别	第 1 组	第 2 组	第 3 组	第 4 组
区间 /μm	（0.1, 1）	（1, 2）	（2, 4）	（4, 8）
组别	第 5 组	第 6 组	第 7 组	第 8 组
区间 /μm	（8, 16）	（16, 31）	（13, 45）	（45, 62）
组别	第 9 组	第 10 组	第 11 组	第 12 组
区间 /μm	（62, 88）	（88, 125）	（125, 250）	（250, 350）
组别	第 13 组	第 14 组	第 15 组	第 16 组
区间 /μm	（350, 500）	（500, 700）	（700, 1 000）	（1 000, 1 500）

悬移质泥沙平均粒径的计算公式为

$$D_i = \sqrt{D_u D_L} \tag{4-12}$$

$$D = \sum P_i D_i \tag{4-13}$$

式中：D_i 为第 i 粒径组的平均粒径，mm；D_u、D_L 分别为某粒径组上、下限粒径，mm；P_i 为相应于 D_i 的组级配系列数值，%；D 为悬移质泥沙的平均粒径，mm。

悬移质泥沙的平均粒径随时间和位置的变化均有所变化，说明悬移质泥沙在随水流的运动过程中，不停地与底泥发生不规则的交换。当平均粒径为（0, 0.062）mm 时，悬移质泥沙的沉速计算公式选择斯托克斯公式：

$$\omega = \frac{1}{18} \frac{\gamma_s - \gamma}{\gamma} g \frac{d^2}{v} \tag{4-14}$$

式中：ω 为泥沙的沉速，m/s；γ_s 为泥沙的重度，kN/m³；γ 为水的重度，kN/m³；v 为水的运动黏度，mm²/s；d 为泥沙的平均粒径，mm；g 为重力加速度，m/s²。

当平均粒径为（0.062，2）mm 时，悬移质泥沙的沉速计算公式选择沙玉清过渡区公式：

$$\left(\log S_a + 3.665^2\right) + \left(\log \varphi - 5.77^2\right) = 39 \qquad （4\text{-}15）$$

其中：

$$S_a = \frac{\omega}{g^{1/3}\left(\dfrac{\gamma_s - \gamma}{\gamma}\right)^{1/3} v^{1/3}} \qquad （4\text{-}16）$$

$$\varphi = \frac{g^{1/3}(\dfrac{\gamma_s - \gamma}{\gamma})^{1/3} d}{v^{2/3}} = \frac{\omega d}{\dfrac{v}{S_a}} \qquad （4\text{-}17）$$

式中：S_a 为沉速判数；φ 为粒径判数；其他符号意义同前。

计算悬移质泥沙的沉速时，可以发现：总体上，渠道中所含的泥沙较细，沉速较低。泥沙的形状、絮凝作用、含沙量大小等是影响泥沙沉速的几个重要因素。泥沙的形状主要对大粒径的砾石等产生明显的影响，而对颗粒较细的黏粒、粉粒、沙粒而言影响较小；絮凝作用则对细颗粒有较大影响；水流中含沙量的大小会对水体的性质产生影响，从而影响泥沙颗粒在水中的运动。

（二）悬移质泥沙起动流速

目前通用的泥沙起动表达形式有两种，分别是起动流速与起动拖拽力。泥沙起动流速的计算同样需要掌握泥沙的粒径。计算悬移质泥沙的起动流速时宜采用非均匀沙计算公式：

$$v_c = 0.786\sqrt{agd\left(2.5m\frac{d_m}{d} + 1\right)}\left(\frac{h}{d_{90}}\right)^{\frac{1}{6}} \qquad （4\text{-}18）$$

式中：v_c 为起动流速，m/s；a 为有效密度系数，取 1.65；m 为非均匀沙的密实系数，取 0.72；h 为水深，m；d 为计算粒径，m；d_m 为平均粒径，m；d_{90} 为颗粒累积分布为 90% 的粒径，m；g 为重力加速度，m/s^2。

在计算中，可以取平均粒径为计算粒径，即 $d=d_m$。通过计算，对各采样时段渠道悬移质泥沙的起动流速与实测流速进行对比分析，可以发现泥沙的起动是随机的，在具备一定流速的情况下，无论是大粒径还是小粒径都有起动的可能性。

在引黄灌区，经过多年积累其中的渠道淤积层才得以形成，在淤积层中，土粒之间的黏结力与天然河道相似，尤其是来水挟带的悬移质泥沙粒径往往是相对较细的，经淤积后，土粒之间只有较小的空隙，在水分充足的条件下，相互之间紧密相连，起动所受的阻力也随之增加，当受到外力作用使淤积层结构遭到破坏时，泥沙的起动会变得更加容易。这也同样解释了渠道水流中的含沙量随来水含沙量的增减而有所增减，即使当来水含沙量小于挟沙力时，由于渠底长期淤积的细泥沙的黏结力较大，水流流速并不一定能使渠道表层泥沙起动，泥沙不起动，渠道就不会发生冲刷，使得渠道悬移质泥沙的含沙量也不会增加。虽然各断面悬移质泥沙平均粒径有所不同，但起动流速在 1.5 m/s 左右。通过对起动流速的计算也可以看出，渠道发生淤积时，应该及时进行清淤处理，或尽快在大水量、小含沙量的来水条件下将泥沙进行远距离输送，分散配置至低级渠道与田间，以免淤积泥沙长时间存在，变得更加密实，不易冲起。

（三）灌渠水流挟沙力

水流挟沙力是泥沙研究的重要对象，同时也是反映河床处于冲淤平衡状态下水流挟带泥沙能力的综合性指标。为了研究引黄灌区干渠水沙的冲淤特性，对实验中不同工况下渠道的挟沙力进行计算，选取了 4 个典型的挟沙力公式，计算比较不同挟沙力公式计算值与实测挟沙力的相关性，选取的典型挟沙力公式如表 4-13 所示。

表 4-13　典型挟沙力公式

公式名称	表达式
武汉大学挟沙力公式	$S = 1.07 \dfrac{U^{2.25}}{R^{0.74} \omega^{0.77}} D$
水利部黄河水利委员会挟沙力公式	$S = 77 \left(\dfrac{U^3}{gR\omega} \right) \left(\dfrac{H}{B} \right)^{1/2}$
内蒙古河套灌区挟沙力公式	$S = 50 \left(\dfrac{U^2}{gR\omega} \right)^{2/3} \left(\dfrac{H}{B} \right)^{1/2}$
中国水利水电科学研究院泥沙研究所挟沙力公式	$S = 2.34 \dfrac{U^4}{\omega R^2}$

注：S 为挟沙力，kg/m³；U 为流速，m/s；R 为水力半径，m；H 为平均水深，m；B 为水面宽，m；ω 为泥沙沉速，除水利部黄河水利委员会挟沙力公式中单位为 m/s 外，其他公式中单位为 cm/s。

将实测泥沙粒径按照《河流泥沙颗粒分析规程》（SL42—2010）分为16个粒径区间，区间范围为0.1～1 500 μm。

实测泥沙的平均粒径计算式可参见式（4-12）和式（4-13）。

平均粒径小于0.062 mm时，实测泥沙的沉速计算公式采用斯托克斯公式，即式（4-14）。

平均粒径为（0.062，2）mm时，实测泥沙的沉速计算公式选择沙玉清过渡区公式，即式（4-15）～式（4-17）。

将计算得到的平均沉速代入挟沙力公式，计算各渠道水流的挟沙力大小，并将计算值与实测值进行比较，采用SPSS做皮尔逊（Pearson）相关性分析，分析结果如表4-14所示。由表4-14可知，实测含沙量与武汉大学挟沙力公式和内蒙古河套灌区挟沙力公式的计算结果在0.05水平上显著相关，而与其他两个公式的计算结果没有明显的相关性。结合四个公式建立的地域基础可知，挟沙力的变化随地域有很大的差异。

表4-14　不同公式的皮尔逊相关性分析结果

计算值类别	实测值Pearson相关性	显著性	N
武汉大学挟沙力公式计算值	0.239*	0.037	78
水利部黄河水利委员会挟沙力公式计算值	0.160	0.164	78
内蒙古河套灌区挟沙力公式计算值	0.274*	0.016	78
中国水利水电科学研究院泥沙研究所挟沙力公式计算值	0.086	0.456	78

注：* 表示在0.05水平（双向）上显著相关。

二、引黄灌区水沙输移数值模拟

这里主要通过实验的方式对引黄灌区水沙输移数值模拟与应用进行分析，具体阐述如下。

（一）模型构建

采用Solidworks对实验管道进行模型构建，实验引黄输水系统采用UPVC

地埋管，管径 D=110 mm，为保证流体在管道中充分发展，建立计算域为实验模型长度（L=100 m）的水平管道，采用 ICEM 软件对前处理三维模型进行六面体网格划分，为了提高管道近壁面的模拟精度，采用增长率为 1.3 的 24 层 3 种数量网格对流体域近壁面进行网格加密，网格数分别为 103 950 个、174 064 个和 691 900 个，对网格质量检查且网格质量都大于 0.7，满足工程计算及独立性要求。

（二）求解方案与边界条件

实验采用软件 ANSYS Fluent 15.0 进行仿真模拟，采用稳定的欧拉多相流模型进行分析，采用有限体积法求解质量守恒和能量守恒方程及边界条件，并将 PC-Simple 算法作为求解方法。将六面体网格流体域导入 ANSYS Fluent 15.0，设置材料、边界条件和收敛精度。考虑到计算机资源和计算的准确性，收敛精度设置为 0.01%，管道进口采用速度进口，壁面采用无滑移壁面，对应管道现场实验的两组低流速，泥沙粒径选取实验管道淤积泥沙的两个峰值淤积粒径组，对比仿真模拟，分析管道泥沙的淤积机理和泥沙输移特性，模拟工况如表 4-15 所示。

表 4-15　模拟工况

工况编号	T1	T2	T3	T4	T5	T6
混合相浓度 Mix/%	20	20	20	20	20	20
流体平均流速 v/（m/s）	0.6	0.6	0.6	0.9	0.9	0.9
d=0.01 mm 泥沙含量 P_2/%	10	20	0	10	20	0
d=0.20 mm 泥沙含量 P_3/%	10	0	20	10	0	20
液相浓度 /%	80	80	80	80	80	80

注：d 为泥沙颗粒的粒径。

（三）模型参数率定

1. 输水管道清水层流验证

输水管道清水流动时，水流符合层流的压降、流速分布规律。给定管道进口流速按抛物线规律分布，则压力沿程减小且符合线性分布，清水流动模拟结果完全符合管道清水层流规律，说明了管道层流模型模拟计算的准确性，经计算，管道层流模型计算采用速度进口给定初始值，出口采用压力出口，并将出口压力设置为大气压，一般取一个大气压。

2. 输水管道清水湍流验证

现场实验过程中记录了沿程压力分布情况，现以流速 v =0.9 m/s、v =1.5 m/s 模拟分析压降结果与实测值的相对误差。在管道湍流模型计算中要考虑管道壁面的粗糙度和湍流强度，先初步拟定如表 4-16 所示的方案组合率定模型参数。从模拟得到的压降结果与实测值的比较中可以看出，随着网格数量不断增大，模拟得到的沿程压降不断减小，与实测规律一致，随着网格数量的增大，模拟值与实测值的相对误差逐渐减小。模拟方案 1 的压降模拟值与实测值的相对误差均小于10%，模拟值与实测值的吻合程度较好，考虑到计算机资源和计算时间的限制，模拟计算采用网格数量为 103 950 的模型进行，综合考虑采用模拟方案 1，即进口湍流强度为 10% 和壁面粗糙度为 0.4 mm 的参数组合对管道 100 m 水沙运移机理进行模拟计算。

表 4-16　不同模拟方案组合率定模型参数

模拟方案	壁面粗糙度 /mm	湍流强度 /%
1	0.4	10
2	0.5	15
3	0.6	20

（四）管道临界不淤流速模拟计算

经过一系列的分析可以发现，为了更好地计算灌区管道的水利输送各参数的值，可以采用数值模拟的方法，从宏观角度来讲，这一方法使现场实验的复杂性问题得以有效解决，现阶段的大部分临界不淤流速公式都是结合理论分析与现场实验的方法得出的经验公式，如瓦斯普公式、克诺罗兹公式、张英普公式、何武全公式、安杰公式等。这些公式所涉及的对管道不淤流速产生影响的参数组合有很多种，其中包括管径、泥沙中值粒径、泥沙容重、含沙量等，而更深层面的工作还将泥沙形状纳入了考虑范围。

目前，对于临界不淤流速的现场测定方法主要有 3 种，分别为：目测法，通过透明玻璃管直接观测泥沙沉降；电测法，通过测定电导率来确定临界不淤流速；图解法，通过确定水力坡降和平均流速的关系来确定不淤流速。然而，对于目测法，人为因素较高，测量不太准确；电测法精度较高，但高含沙水流的电导率变化难以确定；图解法可以用来检验其他两种方法。以上 3 种方法都有一定的局限性，本节结合引黄灌区现场实验资料，利用数值模拟的方法代替现场实验直接观测的实验方法，可以模拟得到 PVC 管道输水的临界不淤流速公式。

在相关的研究分析中，利用克诺罗兹公式可以初步确定不同来水含沙量的管道不淤流速，数值模拟能清晰地观测不同典型断面泥沙的垂向分布规律：管道进口流速大于临界不淤流速时，可以模拟得到断面底部泥沙未出现淤积；管道进口流速小于临界不淤流速时，可以模拟得到断面底部出现淤积。对于临界不淤流速的判别方法，不同学者有不同的认识。通过模拟观察，有学者认为当模拟计算管道断面底部呈现明显淤积时的断面平均流速就是管道临界不淤流速。

根据现场实验确定含沙量的范围为 $1 \sim 17 \ kg/m^3$，泥沙中值粒径为 0.033 mm，对应的泥沙沉速为 0.098 cm/s，由此进行仿真模拟，模拟过程中通过给定泥沙的体积含沙量模拟得到不同管径管道的不淤流速图。图中显示，相同含沙量的情况下，随着管径不断增大，临界不淤流速也逐渐增大。同时，随着含沙量的增高，临界不淤流速呈现先增大后减少的趋势。我国学者钱宁在对高含沙水流的研究中发现，随着含沙量不断增大，当达到一定限度后临界不淤流速有所降低，在临界不淤流速和含沙量的关系上存在一个极限值。

通过分析可知影响临界不淤流速的因素有很多。参照杜兰特公式，选用 A 表示泥沙因子：

$$A = \omega^{\alpha} \left(g \cdot D \cdot \frac{\rho_s - \rho}{\rho} \right)^{\beta} \tag{4-19}$$

式中：A 为泥沙因子；ω 为泥沙沉速，m/s；D 为管道直径，m；ρ_s 为泥沙密度，kg/m^3；ρ 为水的密度，kg/m^3；α、β 为指数；g 为重力加速度，m/s^2。

对模拟得到的临界不淤流速和泥沙因子 A 做对比，拟合得到 $V/A \sim S_V$ 的相关关系式。

通过回归分析，式（4-19）的相关系数 R_2=0.944 9，显著相关，符合相关分析要求，最终得到实验地的引黄灌区管道输水临界不淤流速经验公式为

$$v_s = 49555 S_V \cdot \omega^{\alpha} \left(g \cdot D \cdot \frac{\rho_s - \rho}{\rho} \right) \tag{4-20}$$

式中：v_s 为临界不淤流速，m/s；S_V 为泥沙体积比含沙量，无量纲；D 为管道直径，m；ρ_s 为泥沙密度，kg/m³；ρ 为水的密度，kg/m³；其他符号意义同前。

由此可知，渠道来水含沙量在 2 kg/m³ 以下时，一级站来水量需要在 8 m³/s 左右，才能减少淤积，实现冲淤平衡。那么，在灌区正常引水的水沙资料下，计算来水含沙量在 2 kg/m³ 时管道输水的临界不淤流速，已知中值粒径为 0.04 mm，由式（4-20）计算得到管道输水的临界不淤流速为 0.8 m/s。

（五）引黄灌溉不同工况对断面泥沙的影响

1. 对断面泥沙颗粒压力的影响

在相同流速和总固相浓度下，通过实验可以得到含有两种粒径泥沙的水流和含有单种粒径泥沙的水流中各固相压力分布的模拟结果图和含有粗沙、细沙和两种沙混合的三种水流在流速 $v = 0.6$ m/s 和总固相浓度 $C_{vf} = 20\%$ 时的固体颗粒压力分布图。通过对比可以发现，在低流速条件下，含有两种粒径泥沙的水流的颗粒碰撞更为剧烈，而在高流速条件下，含有两种粒径泥沙的水流中的颗粒碰撞概率更高。同时，粗沙的颗粒碰撞概率远高于细沙，随着流速的增加，管壁上的碰撞概率和强度都有所提高，颗粒压力分布在高流速时更加对称。

2. 对断面泥沙剪切应力的影响

在相同流量和总固相浓度下，可以得到多粒径流体和单粒径流体中各二次相的模拟壁面剪切应力分布云图及在流速 $v = 0.6$ m/s、总固相浓度 $C_{vf} = 20\%$ 时的壁面剪切应力分布图。通过对比可知，在相同固相浓度的低流速条件下，含两种粒径泥沙的水流中的颗粒碰撞概率更大，随着流速的增加，相比流速，泥沙粒径的大小对壁面剪切力的影响更大。

第五章　引黄灌区泥沙淤积的机理及危害

黄河的主要特征是泥沙含量大，引水必将引沙，引黄灌区泥沙淤积已成为一个非常严重的问题，造成泥沙淤积等问题的根本原因在于淤积分布不合理，以及淤积泥沙中粗细颗粒泥沙比例失调，需要灌区进行泥沙配置与优化。本章分为引黄灌区泥沙分布与颗粒组成、引黄灌区泥沙淤积的机理分析、引黄灌区泥沙对环境的危害与防治三个部分，主要包括引黄灌区泥沙分布、引黄灌区泥沙颗粒组成、引黄灌区泥沙淤积机理、引黄灌区泥沙淤积治理措施、引黄灌区泥沙对环境的危害、引黄灌区泥沙危害的特点等内容。

第一节　引黄灌区泥沙分布与颗粒组成

一、引黄灌区泥沙分布

黄河是世界高含沙河流之一，黄河河道穿越黄土高原时挟带了大量泥沙。黄河中大量的泥沙影响着黄河流域人民的生产生活，制约着黄河流域经济的发展。我国对泥沙的研究从未避开过黄河。黄河的治理使得黄河水已连续22年不断流，引黄灌区作物因黄河水灌溉而得以丰收，但引水一定会带来黄河中的泥沙却是引黄灌区一直需要面对的一个重要问题。从20世纪90年代开始，国内学者对黄河水沙的实测资料进行了许多的分析研究。学者叶青超等人通过实测数据研究黄河泥沙的来源区和输水的水沙关系，发现黄河上中游的年径流量差别不太大，但两个河段的来沙量差别很大，来沙量占比相差81.3%，中游河道来沙量大，尤其在桃花峪河段来沙量占到全河流来沙量的65%。学者钱意颖对新中国成立后黄河水沙关系及河床演变进行了分析，发现随着我国对黄河流域的开发和改善，三门峡水库的修建可对河道泥沙的向下输移起到阻碍作用，说明人类的干预对黄河泥沙的防治有积极作用。

21世纪以来，学者李勇对黄河泥沙输移特性进行研究后发现，新中国成立以来黄河泥沙粒径沿程变小，粒径级配关系发生了大的变化，同时沿程泥沙含量也明显减少，尤其在汛期，黄河年径流量也有所下降。学者冉大川等人基于前人研究，分析了人类活动如修建大坝、水库等对黄河泥沙级配的影响，发现这些水利工程的修建明显改变了泥沙级配。学者徐建华等人通过对黄河下游段1960年前水沙资料的分析发现，下游泥沙的淤积主要由上、中游来沙所致，形成"地上悬河"，淤积泥沙以沙粒为主。学者胡春宏研究了1950到2005年黄河水沙空间分布，发现黄河的水、沙总量在时间和空间上有所变化，但是总的水沙量比基本维持稳定。学者陈绪坚对各区域水沙指标进行了分析，发现黄河河道输沙量的减少是常年河道径流量减少而耗水量增多的主要原因。学者胡兴林根据内蒙古段黄河水沙资料，以河道来沙系数为参数把河道的冲淤情况进行了划分。学者孙维婷通过分析黄河沿程几个水文站的水沙资料，发现黄河整体上粒径减小的同时依然符合线性关系。引黄灌溉渠中的泥沙来源于黄河，不同时间、不同地点引水灌溉的黄河水泥沙浓度和粒径分布不同，这直接影响到渠道泥沙的粒径、沉积等特性。前人对黄河泥沙分布规律的研究成果为引黄灌溉系统防淤提供了重要的参考。

黄河的主要特征是泥沙含量大，引水必将引沙，引黄泥沙在灌区内有33%淤积在沉沙池，35%淤积在干渠渠道，沉沙池淤积严重，加重了干渠的淤积，降低了河道的行洪排涝能力。淤积已经成为一个非常严重的问题，在黄河引水中，水与泥沙的不协调是黄河治理的重点，同时也是难点。与此同时，国家政策提出灌区提水灌溉、工业用水要水沙并用，在使用黄河水的过程中不得将所引的泥沙清理进黄河。造成泥沙淤积等问题的根本原因在于淤积分布不合理及淤积泥沙中粗细颗粒泥沙比例失调，需要灌区进行泥沙配置与优化。

黄河以泥多沙多著称，引水必将引泥引沙。泥沙问题一直限制、阻碍引黄灌溉区事业的发展。国内大量学者深入探究了引黄灌区的泥沙问题。其中学者胡春宏等人针对黄河现状，提出应通过水沙联合优化配置和泥沙资源化利用治理黄河水沙灾害，同时还给出了建设黄河水沙调控体系的治理方略。学者卢红伟等人提出减少引黄水中的泥沙主要是通过控制所引黄河水的含沙量或减少引水量来实现的，对有害泥沙的拦截和沉降主要是通过沉沙池来实现的。学者王延贵等人在簸箕李和位山引黄灌区大量实测资料的基础上，分析了引黄灌区的泥沙运动，指出了引黄灌区的淤积成因，分析验证了适合引黄灌区的挟沙能力公式。学者程秀文等人分析计算了黄河水中含沙量在河道中沿垂线分布的特点，揭示了渠首防沙的作用，还分析了引黄灌区内干渠悬移质泥沙分布特性与渠底泥沙淤积分布特性及该如何处理与利用泥沙。学者韩其为根据泥沙运动统计理论阐述和验证了泥沙起动的统计规律。除此之外，学者刘春晖对尊村引黄灌区的黄河泥沙淤积问题进行了相关研究，指出了"避沙、沉沙、输沙、防沙"的处理对策，对泥沙处理的方法进行了相关研究，并提出了沉降黄河泥沙的方法与方案。学者陈丕虎、刘明霞等人研究了位山引黄灌区黄河泥沙的利用与处理方法，提出了灌区内沉降黄河泥沙需要集中沉降与分开沉降并行，并提出了减小流速自流进行黄河泥沙沉降和通过挖掘、吸沙进行清淤的技术设想。水流挟沙力问题是河流动力学研究中的一个重要问题。在研究水流挟沙力时，应把黄河水、黄河泥沙及渠道边界条件三者视为一个整体，它们相互作用、相互影响、依赖。

学者钱宁等人从力学的角度出发，分析了前人的研究成果，最具代表性的是他们所推求出的挟沙力公式。学者沙玉清通过大量的黄河泥沙、气候等相关资料，推导出了水流挟沙力公式。学者舒安平在研究固液两相流的基础上，通过湍流的能量角度，经过对不同理论的仔细分析，提出了悬移物运动的效率系数表达式，为建立承载力之间的定量关系奠定了坚实的理论基础。学者刘峰为了探讨泥沙颗粒级配对水流挟沙能力的影响，通过黄河的大量实测资料和实验资料，论证了泥沙颗粒级配与挟沙能力的关系。结果表明，由于配沙系数的影响，理论挟沙能力更接近实际挟沙能力。由于引黄灌区的输沙特性与天然河流有所不同，因此有必要研究引黄灌区的输沙特性。

综上所述，大量研究领域和成果主要集中在山东、河南的引黄灌区，存在一定的局限性。由此可见，引黄灌区输沙和河道淤积的局限性在不同地区是不同的，并没有统一的研究方法和计算理论。尽管引黄灌区泥沙问题的研究已经取得了众多成果，但主要是针对渠道含沙量沿程输移特性等的研究，针对渠首的研究较少，为了实现引黄灌区输配水的高效利用，减少水源站泥沙含量及大颗粒泥沙的引入是关键。因此迫切需要对灌区渠首的泥沙输移特性、粒径级配、起动流速、扬动流速展开实验研究，展开实地监测取样与分析，找出减少有害泥沙引入的方法与措施，以期为引黄灌区的高效输配水和减淤措施提供一定参考依据。

利用沉沙池集中沉沙是黄河下游引黄灌区采用的一种主要的泥沙处理方式。沉沙池的功能主要是通过减小挟沙水流流速沉降粗颗粒泥沙。一般情况下，沉沙池应建在提水泵站口前方，沉沙池建在引水口前方可以大大减少进入水泵的泥沙含量及减少粗颗粒泥沙的引入，与此同时可以减少粗颗粒泥沙对水泵叶轮的影响，提高水泵运行效率。但是，由于受限于地理位置与实际情况，许多工程没有建设沉沙池的条件，即便通过一些方法减少泥沙的引入，也不能完全排除泥沙的影响。

　　随着我国经济、农业、工业等各方面的全面发展，为进一步加快我国在水资源方面的开发，诸多学者对沉沙池展开相关研究，取得了颇多成果。学者李焕才对斜板式沉淀池进行了实验研究，主要方法是在末端附近放置合理长度的斜板，使沉淀物停留在斜板上，再进一步沉淀沉淀物，从而提取斜板表面的清水。学者吴均等人在改善传统的沉沙池和水工模型实验的相关研究中，为了使水流入沉沙池工作段有稳定的流动，在沉沙池进出区域设置调流板，测量挟沙水流流过的流场，结果发现，这一方案流态平稳，无湍流现象，流速小，增加调流板后的流场更有利于泥沙沉降。学者周益人基于水工模型实验案例，研究了一种新的沉沙池方案，在沉沙池出口设置溢流堰槽，减少过堰水头、过流面积，降低速度，沉沙池表面有清水和浑水分界面，提取表面清水缩短了沉沙池的长度。该方案实现了细泥沙沉降效果。学者戚印鑫发明了一种新型沉沙池，在沉沙池末端设置一定长度的过滤器，在沉淀池的末端进行泥沙的二次沉降，并通过水力模型实验对各部分进行测量，在实验中测量重力沉降池的断面深度、流速、含沙量和泥沙粒径等水力学要素，发现这一举措对水体杂质和泥沙过滤效果显著。学者谭伟民对国内外采用的悬沙沉降计算方法进行了分类分析，并以沉沙池原型观测数据和水槽模型实验结果为分析对象，对准静态水沉降法、概率法、超饱和泥沙法实验数据进行了分析验证。学者侯佩瑾研究了引黄工程与沉沙池的连接形式。学者刘宝星对新发明的圆形沉沙也进行了物理模型实验，具体探讨了排沙滤沙的运行机理。结果表明，沉沙池内水流相对稳定的区域具有较高的泥沙分离和沉降效率，与传统的水沙分离装置相比，圆形中心沉降排放过滤装置可以扩大泥沙处理的粒径范围，在供水工程中可以得到更广泛有效的应用。引黄灌区所引黄河水为自流，为了防止水中有害的或过多的泥沙进入渠道，减少渠道淤积或水轮机、水泵的磨损，常修建设计沉沙池。学者洪振国认为在沉沙池设计中选取恰当结构型式的沉沙池对运行效果的好坏可起到关键作用。

　　在引黄灌区的实际工作中，为了满足沉沙的需要，沉沙池大多采用"以挖待沉"的运用方式，即沉沙池的平面位置基本固定，淤积到一定程度后进行清淤，用清出的库容容纳之后渠道输水带来的泥沙，如此重复进行。对于渠道而言，为了维持渠道一定的输水输沙能力，保证引黄灌区的正常运行，渠道每年都需要进行清淤。无论是沉沙池还是渠道，清出的泥沙都是沿沉沙池或渠道两侧堆放。为了维护引黄灌区的正常运行，清淤工作年复一年，清淤泥沙面积逐年增长。

二、引黄灌区泥沙颗粒组成

引黄灌区泥沙粒径小，颗粒松散、黏结度低，通常粒径 0.1 ～ 0.25 mm 的干燥泥沙颗粒的启动风速为 4.0 m/s；黄河下游位山引黄灌区沉沙池由于多年的运行，清淤形成的高台面积达 533 hm²，严重影响周边生态环境。黄河下游引黄灌区泥沙颗粒组成特征如下。

①不同灌区泥沙颗粒组成。依据灌区所处位置沿黄河自上游至下游逐渐变细。黄河来沙粗，灌区引沙颗粒也粗，黄河来沙细，灌区引沙颗粒相应变细，由于受黄河来沙沿程细化的影响，不同灌区泥沙沿黄河自上游至下游逐渐变细。灌区沿黄河位置自上而下，粒配曲线自左向右的排列顺序基本上能反映出上述规律。

②相同灌区泥沙颗粒组成。灌区泥沙颗粒依据淤沉部位沿渠道自上游至下游逐渐变细。灌区泥沙沿渠道的泥沙输送和河道输沙规律一致，都有沿程逐渐细化的特点。因此，相同灌区泥沙颗粒沿渠道自上而下逐渐细化，以簸箕李引黄灌区为例，其泥沙中值粒径沿渠道明显由大变小。

③灌区泥沙颗粒组成。灌区泥沙颗粒集中分布于某一较窄的粒径范围内。典型灌区泥沙粒配曲线形状有共同特征，占粒径比重绝大部分的曲线中间段较陡，占粒径比重微小的曲线首尾段较平直，反映出灌区泥沙颗粒小于某一粒径和大于某一粒径的比重较小，集中分布在这两个粒径之间的较窄的范围内。比如潘庄灌区干渠，泥沙粒径小于 0.01 mm 的占 1%，大于 0.25 mm 的占 0.1%，0.01 ～ 0.25 mm 的比例高达 98.9%。

与此同时，引黄灌区水中的泥沙细粉粒、粗黏粒及细黏粒通过泥沙入渗，可有效改善土壤颗粒级配，使土壤质地和保水保肥性能得到有效提升，将更有利于农作物生长，因而可通过引黄灌水中的泥沙颗粒对盐碱地土壤进行改良利用。

第二节　引黄灌区泥沙淤积的机理分析

一、引黄灌区泥沙淤积机理

（一）水沙条件

一维泥沙数学模型常用的河床变形方程如下。

$$\gamma'\frac{\partial Z}{\partial t}=\alpha\omega(S-S_*) \tag{5-1}$$

式中：γ' 为泥沙或淤积物干容重，t/m^3；Z 为泥沙引起的冲淤厚度，m；t 为时间，s；α 为恢复饱和系数；ω 为泥沙沉速，m/s；S 为渠道水流含沙量，kg/m^3；S_* 为渠道水流挟沙力，kg/m^3。

由式（5-1）可知，造成渠道淤积的根本原因是渠道水流挟沙力 S_* 与渠道水流含沙量 S 的对比关系，渠道 $(S-S_*)$ 值大于 0、小于 0、等于 0 分别表示渠道处于淤积、冲刷、冲淤平衡三种状态。渠道淤积取决于渠道水流含沙量 S、水流挟沙力 S_* 和泥沙沉速 ω，其中渠道水流挟沙力 S_* 的一般表达式如下。

$$S_*=K\left(\frac{U^3}{g\omega R}\right)^m \tag{5-2}$$

式中：K 为挟沙系数；U 为断面平均流速，m/s；g 为重力加速度，m/s^2；R 为水力半径，m；m 为指数；其余符号意义同前。

在渠道引水引沙条件中，水流含沙量 S 的大小直接影响渠道淤积与否及渠道的淤积程度；引沙级配决定了泥沙沉速 ω，ω 通过影响水流挟沙力 S_* 间接影响着渠道淤积，同时其绝对值的大小直接影响着渠道的淤积程度；引水流量决定了水流断面平均流速 U，进而影响了水流挟沙力 S_*，间接影响着渠道的淤积程度。所以，作为渠道进水口的来水来沙条件，渠道引水引沙条件与渠道淤积关系密切。水沙条件还包括沿程水沙条件，对渠道而言，主要指沿程支渠的分水分沙条件。渠道沿程分水分沙的多少，将改变渠道水流含沙量 S、水流挟沙力 S_*、泥沙级配，直接改变了渠道的淤积状态。

渠道沿程分水分沙的模式，主要包括提水和自流两种方式，直接影响着分水口上游和下游的水面比降调整，主要是通过改变水流挟沙力 S_*，间接地影响着渠道的淤积程度。综合上述分析，与其他河床演变现象一样，水沙条件是决定渠道淤积与否的最根本因素。在黄河下游引黄灌区实际运行中，由于黄河来水量大幅度减少，而沿程工农业用水量呈增加的趋势，黄河下游各引黄闸引水流量必须统一进行调配，使得各引黄闸分配到的引水流量往往大大小于其设计流量，小流量低流速的引水极易造成渠道淤积；同时，上述黄河供需水之间的矛盾也使得多数灌区不得不在黄河汛期水流含沙量很高的状态下长时间引水，势必会造成渠道严重淤积。在沿程水沙调度中，由于渠道上下游供需水的矛盾，有时分到下游渠道的流量太小，造成渠道在小流量下运行；有时分到下游渠道的流量太大，超过了下游渠道的过水能力，又造成壅水。两种情况都会造成下游渠道的淤积。此外，黄河下游引黄灌区沿程分水分沙的模式大多为自流模式，这也加重了渠道的淤积程度。

（二）纵比降

渠道淤积不仅取决于渠道的水沙条件，而且与渠道边界条件关系密切。渠道的纵比降 J 是反映渠道纵向边界条件的重要指标。水力学中广泛应用的曼宁公式为

$$U = \frac{1}{n} R^{\frac{2}{3}} J^{\frac{1}{2}} \qquad （5\text{-}3）$$

式中：n 为渠道糙率。

将式（5-3）代入水流挟沙力公式中，可得

$$S_* = K \left(\frac{R J^{\frac{3}{2}}}{n^3 g \omega} \right)^m \qquad （5\text{-}4）$$

渠道水流挟沙力 S_* 与渠道纵比降 J 的 $1.5m$ 次方成正比，表明渠道纵比降 J 是影响渠道水流挟沙力 S_* 的重要因素，渠道纵比降 J 越平缓，渠道水流挟沙力 S_* 越小。

由于受黄河下游灌区地形条件所限，渠道纵比降 J 一般比较平缓，其值一般在 1/6 000 ~ 1/10 000，致使渠道自然输水输沙的能力较低，必然会造成渠道的淤积。同时，随着运行年份的增多，多数灌区渠首地区由于泥沙的淤积，地面普遍抬高，更加重了地势的平缓程度，使渠首段纵比降变得更小，从而加重了渠道的淤积。如果将渠道水流概化为均匀流，其断面平均流速与水流动能系数均沿程不变，水流流速水头亦沿程不变，总水头线、水面线、渠底线三线平行，即水面纵比降 i 与渠道纵比降 J 相等，此状态下输水输沙能力最大，而在实际运行中，水面纵比降 i 往往小于渠道纵比降 J，主要原因是渡槽等跨渠建筑物的阻水作用造成建筑物前壅水；渠道沿程水沙调度不合理造成渠道下游行水能力小于上游来水量，使水面形成壅水曲线。壅水造成水面纵比降 i 小于渠道纵比降 J，势必会降低渠道输水输沙能力，增大渠道的淤积。

（三）渠道断面形态

黄河下游引黄灌区渠道通常采用梯形断面，梯形断面湿周表达式为

$$\chi = \frac{A}{h} - mh + 2h\sqrt{1 + m^2} \qquad (5\text{-}5)$$

式中：x 为过水湿周，m；A 为过水断面面积，m^2；h 为渠道的均匀流水深，m；m 为梯形渠道的边坡比。

令 $\dfrac{\mathrm{d}\chi}{\mathrm{d}h} = 0$，可得

$$h_{\text{极}} = \frac{b}{2\left(\sqrt{1 + m^2} - m\right)} = \frac{b}{\beta_{\text{佳}}} \qquad (5\text{-}6)$$

式中：b 为梯形渠道底宽，m；

$\beta_{\text{佳}} = 2\left(\sqrt{1 + m^2} - m\right)$ 为渠道水力最佳断面的宽深比。

由 $\dfrac{\mathrm{d}^2 \chi}{\mathrm{d}h^2} = \dfrac{2A}{h^3} > 0$ 可知，$h_{\text{极}}$ 为极小值。

在实际应用中，由于受施工与管理技术限制，引黄灌区通常采用的渠道断面均比水力最佳断面宽浅，也就是 $\beta_{\text{实}} > \beta_{\text{佳}}$，则 $h_{\text{实}} < h_{\text{极}}$，那么由上述条件可知，湿周在 $h_{\text{实}} < h_{\text{极}}$ 的范围内，与水深的函数关系为减函数，即水深越大，湿周越小，而渠道湿周越小，水力半径越大，渠道水流挟沙力越大。

在实际工程中，渠道窄深有利于输水输沙。而在引黄灌区实际运行过程中，渠道往往是在宽浅断面状态下输水输沙。主要原因有两点：一是设计方面的原因，土渠实际糙率一般为 0.017 ~ 0.019，衬砌渠道的糙率一般为 0.012 ~ 0.014，但在渠道设计时，糙率设计值常常比实际糙率大 30% ~ 40%，结果使得渠道设计偏宽，水流泥沙在宽渠道状态下通过，极易淤积；二是由于黄河有时供水不足或灌区需水的限制，引黄闸并不都是在设计流量下进行引水的，常常是在小于设计流量 50% ~ 70% 的情况下运行的，而随着黄河来水的大幅度减少，造成下游各引黄闸日常分配到的引水流量更小，经常小到渠道设计流量的 10% ~ 20%，在这样的情况下，引黄灌区渠道大部分时间是在小流量大底宽渠道下运行的，渠道必然发生淤积。

二、引黄灌区泥沙淤积治理措施

引黄灌区的泥沙具有灾害性与资源性的双重属性。细颗粒可以改良土壤结构、增加土壤肥力。近年来，随着黄河治理相关工作的全面展开，虽然治黄工作者创造了引黄淤灌、填海造陆与造地及建筑材料转化等黄河泥沙利用的方法，但是，由于黄河水沙搭配的特殊性及数量之大，造成了泥沙在引水时的含量较大及淤积到黄河下游河道，部分粗颗粒泥沙与细颗粒泥沙在对农田灌溉产生积极影响的同时，也产生了一定的消极作用。同时，黄河泥沙由于粒径级配较小等特殊性质，很少一部分可以被用作做建筑材料，很多不能够被利用，这就造成了大片的沙地，与此同时，大量的泥沙淤积，使得清淤工作的成本也大大提高。泵站前池是提水泵站的重要部分，也是连接黄河口与进水流道的重要连接水工建筑物，前池的作用是保证水流可以较为均匀平顺地从黄河口流入进水流道。相关实验及理论表明，若泵站前池设计不合理或没有前池会导致不良流态的形成，将对水工建筑物造成损害，从而使泵站效率下降，造成池内泥沙淤积严重。《泵站设计规范》（GB50265—2010）中对泵站前池的水力设计要求是水流平顺、池内不得产生涡流，流速较为均匀、规范中提出前池应该适宜用正向进水方式。然而，在实际工程中，对泵站前池这部分的设计通常得不到重视，进而导致不良流态的发生，不能满足泵站等工程的运行要求。因此，认真分析、研究泵站前池的流态等流动规律，通过采取相关措施来改变泵站前池的水流流态，进而减少泥沙含量，是泵站工程的一个重要内容。

因此，引黄工程目前迫切需要对不同来水工况下的泥沙沉积和输运能力及水动力学调控机制进行研究，开展引黄工程枢纽泵站流道、泵站前池流态等的泥沙淤积分布机理的研究实验及数值模拟分析，并根据研究成果提出合理、有效、科学的减少挟沙水流含沙量的优化布置及措施，使泥沙尽可能多地沉积在泵前，减少淤积。

（一）科学调度水沙过程

既然水沙条件是影响渠道淤积的最根本因素，就必须在灌区运行过程中，科学调度水沙过程，以减轻渠道的淤积程度。调度水沙过程的基本原则是保证渠道在年内运行中达到冲淤平衡的理想状态。黄河下游引黄灌区的实际运行表明，一年中，夏秋灌期间由于引水量大，引水含沙量高，远远超过了渠道输水输沙能力，渠道处于淤积状态；而在春冬灌期间由于引水含沙量较低，渠道一般处于冲刷状态。

渠道的输水输沙过程是非恒定水流过程，因此渠道瞬时的冲淤必定处于一种不断调整变化的过程，控制渠道水流瞬时含沙量一直小于水流挟沙力是不科学的，也是难以实现的，要保证在一定时间内渠道不会淤积即可。从引黄灌区实际运行考虑，我们将一年作为控制时间段，允许在夏秋灌期间渠道处于淤积状态，而在随后冬春灌期间将前期淤积的泥沙冲刷掉，给予渠道自身年内一个充分的冲淤调整时间，不仅防止了渠道冬春灌期间由于冲刷造成工程的损坏，而且极大地减轻了年内清淤处理泥沙的数量和难度，使得渠道年内水沙调度效果达到最优。

在遵循上述水沙调度控制关系的基础上，水沙调度的实际操作过程中需要注意的主要问题有：①引水过程中，尽量大流量集中引水，尽量达到或接近渠道设计引水流量，做到速灌速停，缩短引水时间，杜绝细水长流；②引沙过程中，由于汛期黄河含沙量高，要尽量避开沙峰引水，以减少泥沙的引入，对于有条件的灌区，应通过分析灌区常年实测淤积率与引水含沙量的关系，得出灌区临界最高含沙量作为控制含沙量，当引水含沙量超过控制含沙量时，应停止引水；③沿程水沙调度过程中，在考虑渠道上下游用水需要的同时，应结合渠道引水情况和各干渠引水能力，合理地调配分水量，适时改变轮灌组合，使分流后下游渠道流量大小适中，做到下游渠道少淤积或不淤积。

（二）调整渠系以增大纵比降

在引黄灌区中，通过调整渠道纵比降来提高渠道的水流挟沙力，对于黄河这样高含沙河流的引水特别是汛期引水是十分有利的，必定会大大减轻渠道的淤积程度。在影响渠道水流挟沙力的诸因素中，渠道纵比降仅次于渠道糙率，调整渠系，增大渠道纵比降是增大渠道水流挟沙力的重要手段。在实际运行中，我们应根据各个引黄灌区的具体情况，对已有的渠道工程进行系统分析，结合工程扩建、工程技术改造，通过抬高引水口高程、改善输沙路线、合理调整渠网布置、挖低渠底高程等措施，尽可能增大输水渠道纵比降。根据人民胜利渠、花园口灌区的实践经验，渠道纵比降在1/3 000左右时，渠道输沙能力明显增强，淤积程度大大减轻，大部分渠道泥沙可长距离输送入田间。从增大渠道水面纵比降的角度出发，应采取的措施主要有：改造沿程跨渠建筑物的底板高程，避免渠道行水过程中局部建筑物阻水现象的发生；合理调度沿程水沙过程，避免出现渠道下游行水能力小于上游来水量，使水面形成壅水曲线。

（三）合理改造断面形态

针对黄河下游引黄灌区实际运行过程中，渠道断面形态与引水引沙不相适应的原因，建议灌区管理部门应对渠道断面形态进行合理的必要的改造，采取的主要措施包括如下几个方面。

①全面衬砌渠道，减少渗漏，降低糙率。引水灌溉实践表明，渠道衬砌具有减小糙率、提高流速、减少水流沿程损失、增加输沙的能力，可以起规整断面、减少渗漏等良好作用。其中，混凝土光面衬砌易于接受与推广。土质渠道糙率一般为 0.02 ～ 0.022 5，而混凝土光面衬砌的糙率一般为 0.014 ～ 0.015，在其他参数相同的情况下，混凝土光面渠道流速比土质渠道大 40% 左右，水流挟沙力大 50% 以上。因此，全面衬砌渠道是减小渠道形态阻力，增大渠道输水输沙能力的有效措施。

②合理利用渠底淤积泥沙，构建渠道复式断面形态，提高断面输沙能力。对于淤积严重的宽浅渠道，我们可以充分利用渠底淤积泥沙，沿渠道淤积相对较少的一侧将淤积于渠底的泥沙挖出，填放于淤积相对较多的另一侧，从而在单式的梯形断面中，构建出一个窄深的复式断面，该断面的构建不仅减少了清淤工程量，而且其窄深的形态将大大提高渠道的水流挟沙力。在构建这种临时复式断面的过程中，主槽的过水面积应与相应期间渠道平均引水流量的大小相当，结合引黄灌溉实践，主槽的合理宽深比可取 6 ～ 10。学者王延贵曾利用水力学公式推导得出渠道梯形断面的最佳边坡系数方程：

$$m^2\sqrt{1+m^2}\left(B^2-b^2\right)+\left(Bb+b^2\right)\left(1+m^2\right)-2Bbm-\left(B-b\right)^2\sqrt{1+m^2}=0 \quad （5\text{-}7）$$

式中：B 为水面宽度，m；其他符号意义同前。

利用以上公式可计算出主槽应采用的最佳边坡系数，这样构建出的渠道复式断面接近了相应期间渠道输水输沙能力最大的断面，使原来处于宽浅状态下的渠道行水变成了在最佳输水输沙断面形态下行水，对于减轻渠道的淤积十分有利。由于黄河供需水矛盾在短期内难以解决，所以在一定时期内，渠道的引水流量大大小于设计流量的现状无法改变，在保证改造后的复式断面能满足相应期间最大引水流量的前提下，这种复式断面的改造是合理可行的。由于这种改造是临时的，构造断面的材料是淤积于渠道的泥沙，所以在引黄灌区引水流量发生较大变化时，也可及时清淤，将这种复式断面恢复为原来的单式断面，由此表明这种改造的方式是灵活的，易于操作的。综合上述优点可知，合理利用淤积泥沙，构建复式断面在某些淤积严重的引黄灌区的实际运行中有一定的推广价值。

（四）大力推广提水灌溉方式

在灌区基本条件包括渠道纵比降、断面形态确定的情况下，要想借用外力，改善渠道适应黄河水沙多变的能力，采用提水灌溉的方式是经引黄实践证明了的最有效措施。提水灌溉方式对于分水口上游渠道最大的影响是增加了水面附加纵比降，从而使水流流速明显增大，挟沙力大大提高，尤其在分水口处增加幅度最大，由此造成的溯源冲刷在较长的范围内向渠道上游发展传递，大大减轻了上游渠道的淤积。对于分水口下游渠道而言，提水灌溉方式同样能达到减淤的效果。含沙量沿垂线的分布特性为表层小、底层大，断面平均含沙量发生在 0.4 m 水深处。利用提水灌溉方式，把进水口布置在 0.4 m 水深以下，使得提水含沙量大于断面平均含沙量，就能达到引沙比大于引水比的良好效果。从簸箕李引黄灌区实际观测资料可知，自流灌溉引水含沙量约为干渠含沙量的 0.98 倍，而提水灌溉引水含沙量约为干渠含沙量的 1.08 倍；同时，粗细沙沿垂线的分布更不均匀，粗沙底部含量远远大于表层，提水灌溉方式分走了底部粗沙，取得了"分粗留细"的效果，所以提水灌溉方式明显改善了进入下游渠道的水沙条件，相对提高了下游渠道的水流挟沙力。地处黄河口的曹店灌区，天然地势平缓，但由于其修建了50 座扬水站用于沿程提水灌溉，成功地实现了 50 km 泥沙长距离输送，渠道基本保持了年内冲淤平衡，运行多年不用清淤，显示了提水灌溉方式对渠道输沙的巨大作用。因此，在黄河下游经济允许的地区，提水灌溉方式值得大力推广。

第三节　引黄灌区泥沙对环境的危害与防治

一、引黄灌区泥沙对环境的危害

（一）直接危害

黄河下游引黄灌区清淤泥沙长期暴晒于阳光下，使堆沙颗粒含水量为 0，无黏结力，成为易于搬运的散粒泥沙堆积体。在自然力的作用下，大量保水保肥性能较差的粗沙在迁移过程中，势必对引黄灌区周边的生态环境造成危害。由于所受自然力不同，引黄灌区泥沙对环境的危害主要表现在两个方面。

1. 水沙流失

造成水沙流失的自然力主要是降雨。降雨时，渠道两侧的清淤泥沙极易遭到雨水的侵蚀，清淤泥沙从高处顺着雨水一边流进渠道周边的高产良田，造成大片良田沙化，一边又流进了渠道，增大了渠道清淤工程的数量与难度，提高了渠道清淤工程费用。以簸箕李引黄灌区为例，该灌区淤积最严重的沉沙条渠长 22 km，两侧堆沙宽度 120～200 m，高度为 4～6 m，形成"条状沙漠"，在遇到降雨天气时，黄沙满地流，渠道外侧的良田里的庄稼淹没在黄泥汤中，天长日久，渠道两侧良田的土壤被沙化，保水保肥性能降低，农作物的收成大大减少；同时，在渠道内侧，大量的黄沙被雨水重新带入渠道，造成渠道重复性淤积，由此增加了年非引水性清淤费用。

2. 风沙运动

造成清淤泥沙风沙运动的自然力是风力，风速垂向分布遵循指数规律，清淤泥沙的堆高直接将散粒泥沙送入了垂向高风速区。在干燥多风的春冬季节，灌区大范围沙尘天气十分频繁，推移运动的大量沙粒顺着风向，朝渠道两侧良田跃移前进，直接侵占耕地，加剧了良田的沙化；同时，悬移运动的细颗粒泥沙横向输移距离长，纵向达到的高度高，对灌区周边几公里甚至是上百公里范围内的生态环境和人类生产生活危害极大。据簸箕李引黄灌区现场观测，大风天气时，大量沙粒在清淤泥沙表面 30～50 cm 的垂向范围内形成了一层沙云，像一张移动的地毯，朝渠道两侧良田跃移前进，不需多长时间，渠道两侧的耕地与农作物都穿上了一层"沙衣"；同时，悬移运动的黄沙漫天飞舞，天日为之变色，灌区笼罩在一个巨大的沙幕中，大量细颗粒泥沙飞进田野，飞进村庄，有时直接飞进农户，形成"关着门窗喝泥汤"，严重时造成某些疾病的流行与传播。

（二）间接危害

泥沙危害是指由泥沙或通过泥沙诱发其他载体对人类生存环境和经济带来的危害。由泥沙直接引起的危害有水沙流失（滑坡、崩塌）和风沙运动等；由泥沙诱发其他载体引发的危害称为泥沙的间接危害，如泥石流、泥沙淤积或冲刷、土地沙化和泥沙污染等。引黄灌区泥沙灾害为间接危害，主要表现在以下几方面。

①泥沙淤积影响了灌区农业灌溉与渠系安全。淤积的泥沙缩窄了渠道断面，减小了渠道输水能力，造成引水困难。此外，泥沙淤积抬高了渠道水位，影响了渠道安全。

②清淤泥沙占用了大量耕地，引起了土壤沙化和生态环境恶化。堆放的清淤泥沙在风力与降雨的搬运下，引起更大范围的土壤沙化，导致农业产量减小，农业生态环境恶化。

③渠首地区生产、生活环境恶化。簸箕李引黄灌区经常受扬沙天气影响，位山引黄灌区东站一年大部分天数受扬沙的困扰。各季节的风向不断变化，在条渠两侧几公里甚至更远的范围内都受到扬沙危害，2 km 范围内影响最为严重。

④加大了排水河道涝灾威胁。引黄尾水携带大量泥沙进入排水河道，使排水河道河床淤积抬高，加大了河道涝灾发生的概率。

⑤灌区退水在自然和人为因素的双重影响下，导致退水组成复杂，不同灌区之间退水组成要素存在差异。在退水组成中，包括引水渠退水、灌溉土壤的深层渗漏水、渠系渗漏水、地下水排水、降水形成的径流、山洪、生活污水和工业废水等。灌区退水的主要组成之一是农田排水，在排涝除害和淋洗压盐过程中起到了关键作用。但退水的不合理排放降低了水资源的利用效率，并对水环境和生态环境产生威胁，主要包括以下 3 个方面：水体富营养化；湿地盐碱化；土壤和地下水重金属污染。化肥、农药和其他有机物、无机物在农业生产活动中被大量使用，在降雨和灌溉淋洗下以入渗或田间排水的形式排入地下水、河流和湖泊等承泄区，造成承泄区水体富营养化，从而对水环境、水生态健康造成威胁。有学者通过对灌区地下水采样分析，表明地下水环境受农业施肥影响，水体中含有大量的氮磷等元素。我国由于灌区退水造成的河流、湖泊等水体污染问题同样十分严重。水体污染程度随时间的推移而变化，学者杜军等人研究了不同灌溉期农田排水与河流沟道水质的相关关系。水体的富营养化破坏了水环境健康，造成水生态失衡，使水生生物大量死亡，从而导致生物多样性遭到破坏。因此，研究和掌握灌区退水的时空变化规律，对水体富营养化的防治具有十分重要的意义。

灌区退水排到湿地容易造成土壤盐碱化。在干旱地区，农田排水承担一定的控盐任务，其水体中一般都含有较高的盐分，在湿地中富集，对湿地生态系统的功能产生影响。灌区退水改变了湿地的水环境，累积了大量盐分，造成湿地功能的大面积退化，严重威胁了湿地生态系统的健康和稳定。有学者通过 Drainmod 模型研究了半干旱地区沟渠湿地对农田排水的响应，分析得出随着农田排水不断汇入湿地，湿地的盐分浓度会逐渐接近湿地生态系统所能承受的阈值，造成湿地盐碱化的发生，进而影响湿地生态系统的功能。但排入湿地的农田退水中含有的氮、磷等元素对湿地生物的生长有一定促进作用。在农田排水进入毛果苔草沼泽湿地后，毛果苔草的生长和对氮、磷的吸收显著增加。但若退水中氮磷等含量过高，则会造成湿地水系统的氮磷失衡，对湿地生态系统的健康稳定构成威胁。因此，通过湿地承接农田排水应在掌握和了解灌区退水水质变化的基础上，制定科学有效的退水排放调控措施，对湿地生态系统的健康发展具有重要意义。在大型灌区中，城镇居民点和工矿企业排放的生活污水及工业废水通常伴随灌区排水系统进入江河湖泊，对沿河下游的居民生产生活造成严重威胁。因此，在实现排水沟道功能的前提下，兼顾生态环境保护与水资源高效利用，科学合理地控制灌区退水排放，是可持续灌溉农业的发展方向。明确灌区退水的来源与组成、退水的时空变化规律及退水中污染物的组成和运移，进而更好地调控灌区水资源与防治灌区退水污染。但灌区退水组成复杂，退水水量变化具有空间的差异性与时间的规律性，退水水质变化具有随机性与时空变幅大等特点，给退水的质量监测和研究与模拟带来了很大困难。

二、引黄灌区泥沙危害的特点

分析引黄灌区泥沙危害发生的时间、地点、过程及规模等因素表明，灌区泥沙危害具有如下特点。

①时空分布不均匀性。影响泥沙危害的自然因素，如降水、风速等是不断变化的，具有年内与年际分布的不均匀性，因此泥沙危害具有时间分布不均匀性。导致泥沙危害的因素，如引水含沙量、河道分布及河道坡降等在空间上存在很大的差异，因此泥沙危害具有空间分布的不均匀性。

②渐变性。灌区运行初期有大量的堆沙洼地，对环境和农业生产的影响有限，随着堆沙量不断增大，被迫大量占用耕地，对环境和生产、生活的影响逐渐加大，甚至严重影响灌区的综合效益和生态环境。

③多样性。泥沙危害发生过程中，会产生新的危害，如泥沙淤积引起涝灾，清淤泥沙占用耕地引起风沙危害、土地沙化，同时还会引发许多环境和经济问题。

④严重性。灌区泥沙淤积的危害性表现在占用耕地、土地的沙化、灌区周边农业产量下降及对周边生产、生活环境及生态环境的破坏等。这些问题如不妥善处理，将构成社会不安定因素，影响当地经济社会的可持续发展。

⑤治理难度大。灌区泥沙危害发生的成因十分复杂，既有自然因素，也有人为因素，治理难度很大。虽然我国已对灌区泥沙危害的治理投入了大量的人力、物力，但是距根治泥沙危害的目标还很远。

三、引黄灌区泥沙防治

（一）减少引黄灌区泥沙来源

要想从根本上解决引黄灌区清淤泥沙危害问题，首先应从源头入手，切断堆沙的来源。结合引黄灌区的实际情况，杜绝堆沙来源意味着将灌区渠系泥沙淤积量降低为0，从技术上讲是不可能实现的，我们所能做的是尽量减少泥沙在灌区沉沙池和渠道的淤积，其根本途径是努力实现泥沙的长距离输送，增大输入田间的泥沙比例。具体措施分为工程措施和管理措施两类。

工程措施的出发点是在灌区设计、运行等技术环节上，充分重视渠道断面形态、纵比降、糙率等水力因子的优化调整，以期获得渠道最大的输沙能力。通常采取的工程措施有如下几个方面：①表土剥离及回填。对项目区占用耕地、林地、草地区域进行表土剥离，结合实际情况选择人工清表或机械清表，施工结束后将表土及时回填。②土地整治。对工程开挖面、临时占地裸露区域进行土地整治。③布设截排水设施。对于线型工程区域，可通过结合原有工程设置排水设施，对于点型工程区域，需对项目区域周边或一侧来水布设截排水措施，同时在排水沟末端布设沉沙池，并顺接现有渠道和自然沟道。④草袋素土护坡。渠道开挖过程中，可对渠道边坡布设草袋素土护坡，减少对边坡的冲刷侵蚀。

通常采用的管理措施主要是依据灌区水沙运动机理，优化水沙调度，减轻渠道淤积。常用的管理措施包括大流量集中引水、避免高含沙量时引水、减少汛期引水、加强用水管理等。

（二）实现引黄灌区资源优化配置

1.泥沙资源优化配置

引黄灌区泥沙堆积越多、时间越久，对环境的危害越大，因此应想方设法在短时间内将清淤泥沙合理地消耗掉。随着"人水和谐"新的治水理念的确立，我们应摒弃过去将灌区泥沙处理当作包袱的老观念，树立泥沙资源化的新观念，变害为利，将灌区泥沙处理社会效益最大化。对清淤泥沙及时改土还耕仍然是处理大量清淤泥沙经济合理的有效方式。将灌区干渠两侧用清淤堆沙机械推平，不仅处理掉了长年堆积的清淤泥沙，而且获得了土地，种植经济作物还能取得良好的社会经济效益。将清淤泥沙开发为建筑材料是实现开发型泥沙处理应该大力推广的有效方法。以清淤泥沙为原料，可烧制各类砖瓦，还可进行淤沙混凝土建材开发，不仅能持续不断地消耗大量清淤泥沙，还可取得可观的经济效益。此外，还可有计划地组织当地农民挖运清淤堆沙，用于垫压宅基地或其他，不需另辟新的用土场地，既能减轻堆沙负担，又能方便群众，还能节省土地。

①放淤改善土壤。黄河下游灌区渠道两边有很大范围的背河洼地，原来经常受到诸多自然灾害的影响，比如病虫、风沙等。但采取引黄灌溉以后，在该地区实行了引黄淤改政策，促使原来的涝洼盐碱地获得明显改善。但伴随时间的推移，部分灌区渠首附近洼地已被用完，渠首自流沉沙已非后期泥沙处置的重要形式，放淤改善土壤应当从渠道下游着手。

②淤临淤背稳固堤坝。黄河下游河床比地表高一些，而且堤坝的外部有几百上千米宽的背河洼地，因此需要定时增高与加固堤坝。相关管理部门可以借助引黄泥沙资源来加固堤坝，该方式不仅可以更好地加固黄河堤坝，而且还科学地处理了常年清淤的诸多泥沙。淤临淤背项目具备显著效果，它充分利用了灌区渠系内的泥沙，对渠道的正常输水十分有利。

③泥沙综合应用方式。黄河是含沙量很多的河流，引黄需要引沙。引黄灌区治理泥沙最关键的途径为：在灌区上游修建沉沙池，将大量颗粒较粗的泥沙沉淀于这一区域；远距离运沙，选取浑水入田模式将泥沙带入田间。随着引黄灌溉区的不断发展，渠道两侧适合建造沉沙池的低洼盐碱地基本上都用尽，并且通过治理和农田基本建设，已变成中、高产良田，失去了自流沉沙的重要条件。有些灌区选用"以挖代沉"的方法集中治理泥沙，将输沙渠和沉沙池淤沙聚集在两侧，随着清淤量逐渐增多，清淤工作越来越困难，占用耕地不断扩大，引起了严重的沙化且在不断扩大。泥沙治理导致渠首沙化、堆沙面积殆尽、生态系统恶化，弃水弃沙造成的河道淤积现象日益严重，引黄泥沙成为引黄灌溉行业发展的关键限制因素。

2. 水土资源优化配置

水土资源是人类生存和发展的必要条件，其不可替代性决定了水土资源随着社会发展而显得越来越重要。水资源和土地资源的耦合使得社会经济发展、生态环境稳定及系统韧性更强。因此，在水土资源配置过程中需要考虑水量、水质及土地资源格局，使水土资源形成良性互馈关系，让水土资源系统更加稳定。

在面向引黄灌区山水林田湖草整体保护、系统修复和综合治理的宏观需求时，应着眼于水土资源全局，基于对水土资源数量、质量和结构布局的认识，识别水土资源的演变规律和内在驱动机理，提出科学合理的水土资源联合评价和配置方案，支撑新一代水土资源管控模式的实施，进而为黄河流域生态保护与高质量发展提供关键抓手。面向山水林田湖草的水土资源联合配置就是，在识别流域水资源和土地资源的演变规律及驱动机制的基础上，辨识不同水土资源的内在关系，并据此水土资源的预估模拟模型，进一步构建水土资源联合配置模型。

灌区水土资源优化配置具有多变量、多层次、多尺度、多阶段和非线性等特点。针对灌区水土资源优化配置理念从单层次向多层次，单目标向多目标，静态向动态，单水源向多水源，线性向非线性，确定性向不确定性方向的转变，国内学者发展出了一系列水土资源优化配置模型，为灌区水土资源科学合理分配提供了重要支撑。

3. 灌区退水调控

（1）控制排水研究

控制排水是指将控制性设施（挡水堰、闸门等）安装在排水沟，通过水位的调节，进而调控灌区的退水。控制排水技术的发展与应用经历了不同阶段，起初国外实施控制排水的主要目的是实现旱季的蓄水保墒，随着研究的不断深入，控制排水逐渐成为防治养分流失与水体污染的主要措施。调控灌区退水能够有效减少田间排水量和污染物的输出量；而灌区退水总量直接决定了农田污染物的排放总量。我国在 20 世纪 90 年代后也对控制排水技术进行了研究，学者张蔚臻与张瑜芳提出了根据作物不同生长阶段实施控制排水的方案。控制排水的另一个重要目的是减少营养物质流失。学者朱成立等人通过对水稻灌区采用灌排协同调控管理措施，有效减少了排水中氮磷等元素的输出。因此，应综合考虑退水的来源与组成、退水量、退水影响因素及污染物的种类等，分时分段分区地采取控制排水措施，进而有效减少灌区退水量与防止环境污染的发生。

然而，在干旱半干旱灌区，控制排水减少水中养分的同时，盐分输出也会随之减少，进而造成土地盐碱化的潜在发生。国内外的学者对此做了大量的实验与研究，国外学者克里斯蒂（Christe）等人通过开展灌区控制排水实验得出，相比于常规排水，控制排水在减少排水量的同时降低了盐分的输出，但土壤盐分变化不明显；国内学者田世英等人对宁夏银南灌区水稻田控制排水对盐分动态变化的影响进行了研究，发现进行控制排水后，其深层土壤盐分出现累积，呈现出增加的趋势，而浅层土壤积累的盐分较少，此种状况不影响作物的生长。另外，也有学者开展了排水控盐的田间实验，经过两年的实验研究，发现作物根区的土层有轻微的盐分累积，从实验期来看并未对作物的生长产生明显的影响，但长期累积会形成土壤盐渍化，进而危害到作物的生长。因此，采用通过控制排水措施来调节退水时，应因地制宜充分考虑作物生长需求，以避免发生土壤次生盐碱化。

（2）灌区退水再利用研究

灌区退水量大，且水中富含氮、磷、钾等作物生长所需的营养元素，将退水用于灌溉，在节约灌溉水量的同时能够提高化肥的利用效率，兼顾水资源高效利用与生态环境保护。国内外学者对灌区退水再利用的方式、适用性评价及效应等进行了大量的研究，得出退水再利用可以提高水资源的利用率，同时可以减少农田非点源污染。国内学者王少丽等人探讨了排水再利用的途径、工程措施与基础研究发展情况，得出我国在灌区排水再利用方面具有较大的潜力，其中研究多集中在排水中氮、磷等元素再次利用的意义，而对盐分及其他元素的研究相对偏少。影响排水再利用的效应的关键因素是再利用的工程运行模式与灌溉管理措施。因此，基于灌区排水的水量与水质变化规律基础上，研究再利用的工程运行模式与灌溉管理措施及其对生态环境的影响评价与风险分析是未来研究的方向。

灌区退水资源化利用的方式包括：①再次灌溉，当退水的水质相对较好时可直接将退水用于灌溉，水质较差的情况下将其处理后再进行利用；②发展养殖，可将盐碱化水田退水用于养殖河蟹，在不进行任何处理的情况下，退水水质仍能够满足河蟹生长的正常需求；③景观效益，引沟道退水来灌溉生态景观，进而实现退水的综合利用。退水再利用的方式有多种，但退水水质水量是首要考虑因素。退水水质的处理经历了不同的发展阶段。加利福尼亚的法尔博（Firebaugh）地区自 20 世纪 70 年代开始就开展了农田排水拦蓄再利用的实验研究，并采用膜的反渗透技术去除排水中的有害元素。随着对湿地系统的认识，研究人员开始探究人工湿地对生活、农业及畜牧业排水的处理能力。有学者开展了为期 5 年的农田排水湿地处理实验，表明排水中 50% 以上的总氮能够被湿地植物所吸收，20% 以上的氮能够在土壤中留存下来，少部分的氮通过反硝化的方式消减，削减能力高达 90%。因此，灌溉－排水－湿地系统是集净化与调蓄为一体的灌区退水再利用模式，也是未来灌区灌排管理的发展方向。

灌区退水的调控可以从控制排水和退水再利用两个方面展开。控制排水是从排水沟道末端对退水进行控制，实施简单，操作灵活，但需要综合考虑作物水分生长需求和退水变化规律，分时、分段地调控灌区排水，有效防止污染物大量排放及土壤次生盐碱化的发生；排水再利用的前提是水质水量得到有效保证，通过挖掘退水的资源性，实现退水的环境效益与经济效益。

（三）采取生物防护措施

采取生物防护措施，在灌区沉沙池、渠道两侧，统筹规划，合理安排，植草种树，构建一道生物防护体系，可将清淤泥沙对周边环境的威胁降至最低。在灌区大面积植草绿化，可大大增加床面粗糙度，从而大大提高起动风速，使灌区泥沙难以起动进入输移状态。风沙推移运动范围主要在地面数十厘米范围内，在灌区地面植草后，植物的茎叶对气流的扰动作用，削弱了贴近地层的风速，降低了风沙推移质输沙率。对于有条件的灌区，有计划大规模营造生物防护林带是防风固沙的十分有效的措施。防护林带可直接将大风挡于灌区以外，大幅度降低了进入灌区的风速。学者岳德鹏等人对北京永定河沙地不同下垫面风蚀情况进行了对比分析，结果表明，林地在防治风蚀方面明显优于耕地与草地，效果最好。

植物措施是指在项目区内裸露土地、临时场地、开挖边坡等工程区域造林种草，提升水土保持能力，美化施工现场。在对造林种草地类进行立地条件分析和植物种生态学特性分析的基础上，选择优良的乡土树种和已经适生的引进树（草）种。植物措施以防护为主，生态效益优先，与工程措施相结合，乔、灌、草相结合，点、线、面相结合，并考虑绿化美化效果，与周边景观相协调，以当地树（草）种为主，多树（草）种优选，科学配置。

灌区植被对遏制清淤泥沙水沙流失的作用表现为：①植物的茎叶枝干能拦截雨滴，削弱雨滴对堆沙的直接打击，延缓堆沙表面径流的产生；②植物能起到保护堆沙周边的土壤、增加地面糙率、分散堆沙径流、减缓流速及促进挂淤等作用；③植物根系能促成灌区及周边土壤的表土、心土连成一体，增强土体的固结力。

灌区植被对防治风沙的作用表现为：①灌区植被增加了床面粗糙度，提高了起动风速，使清淤泥沙难以起动进入输移状态；②植物的茎叶对气流的扰动作用，削弱了贴近地层的风速，降低了风沙推移质输沙率；③生物防护林带不仅可以大幅度降低进入灌区的风速，而且由于其垂向高度较高，可直接阻滞风沙的悬移运动。综合上述分析可知，在引黄灌区植草种树，全面绿化，是根治清淤泥沙水沙流失与风沙运动危害的有效措施。

总之，引黄灌区风沙来源主要包括沉沙池集中淤沉的泥沙及为保证灌区正常运行所清出的泥沙。清淤堆沙面积虽远小于沉沙池占压耕地面积，但它因为长期暴晒成为散粒堆积体，而且呈逐年扩展的趋势，更易对周边环境造成风沙危害。

分析典型引黄灌区泥沙级配资料可知，灌区风沙颗粒组成集中分布于某一较窄的粒径范围内。引黄灌区风沙极易起动进入输移状态，人类生产活动密集增大了风沙受扰动再次起动的概率。引黄灌区风沙推移危害的方式是贴近地面跃移前进，危害的结果是直接侵占耕地，造成良田沙化。

科学治理引黄灌区风沙危害，首先应减少风沙的来源，其根本途径是利用工程和管理措施实现泥沙的长距离输送；其次应转变观念，变害为利，想方设法在短时间内将清淤堆沙合理地消耗掉，及时改土还耕和建筑材料开发是处理大量清淤泥沙的一种经济合理的有效方式；最后应采用生物防护措施，对灌区统筹规划，合理安排，植草种树，全面绿化，构建一道风沙生物防护体系，将风沙对周边环境的威胁降至最低。

第六章 引黄灌区泥沙处理利用的实践案例分析

泥沙处理是引黄灌区必须面对的问题。科学开展引黄灌区水生态文明建设,制订科学的泥沙处理利用方案对促进引黄灌区及黄河流域生态保护和高质量发展具有重要意义。本章分为人民胜利渠灌区泥沙处理利用的实践案例分析,簸箕李引黄灌区泥沙处理利用的实践案例分析,小开河引黄灌区泥沙处理利用的实践案例分析,位山引黄灌区泥沙处理利用的实践案例分析四个部分,主要包括人民胜利渠灌区概况、人民胜利渠灌区浑水灌溉、人民胜利渠灌区输沙入田、人民胜利渠灌区信息化建设、位山引黄灌区概况、位山引黄灌区泥沙概况及处理技术等内容。

第一节 人民胜利渠灌区泥沙处理利用的实践案例分析

一、人民胜利渠灌区概况

人民胜利渠灌区是黄河下游兴建的第一个大型引黄自流灌溉灌区,也是河南省重要的粮食主产区。灌区建成于 1952 年,位于河南省新乡市境内,总长度约为 100 km,平均宽度 5 ~ 25 km,灌区土地面积共 1 486.84 km²,其中耕地约占67%。人民胜利渠,原称"引黄灌溉济卫工程",其目的是引黄河水,灌溉沿线农田,到达卫河,并补给卫河水量。引黄灌溉济卫工程的顺利通水是党和人民治理黄河的一项伟大胜利,因此该工程被命名为"人民胜利渠",它所灌溉的区域即人民胜利渠灌区。人民胜利渠的建成,不仅造福了河南人民,更为整个黄河下游创造了经验,开辟了更多的利用黄河水造福人民的道路,是我国开发利用黄河水沙之路的开端,结束了"黄河百害,唯富一套"的历史。

人民胜利渠灌区范围涉及封丘县、滑县、辉县、获嘉县、淇县、卫辉市、新乡市郊、新乡县、延津县、原阳县。人民胜利渠灌区的灌溉区域东与林州红旗渠主干道接壤，西与共产主义渠和武嘉灌区接壤，南与榆林、师寨、齐庄和朗公庙接壤，北与卫河接壤。灌区目前有主要干支渠道 47 条，干、支、斗、农渠道一共 1 923 km。灌区西南为渠首，灌区内河流方向大多为自西南流向东北，灌区北方卫河一线和东北角为排泄区。灌区内河流（西孟姜女河、东孟姜女河、大沙河、柳青河等）流量常年较小，水位很低，主要用于灌溉排水和汛期防洪排涝。

人民胜利渠灌区是一个自西南向东北倾斜的条形地区，黄河的河道冲积平原与太行山冲积扇两部分组成整个灌区。灌区的总长度不小于 100 km，宽 5～25 km，渠首地势较高，地面高程不小于 85 m，位于灌区的西南方向。灌区的地势西高东低，整个灌区的地面坡度为 1/4 000，东部灌区地面高程约为 60 m。人民胜利渠灌区的地形条件可按地貌分为六个单元：黄河滩区、现黄河背河洼地、太行山前交接洼地、古黄河滩区、古黄河河槽和古黄河背河洼地。这是由于灌区长久以来受到黄河冲积和沉积的影响。

灌区属于暖温带大陆性季风气候，多年平均气温为 14.5 ℃，多年平均蒸发量为 1 160 mm，多年降水量的平均值为 560 mm，年内雨量分配不均，主要集中在 6—9 月，约占全年降雨量的 70%，春旱夏涝特点明显。灌区最低温度为 −16 ℃，最高温度为 41 ℃，春夏秋冬四季分明，隶属暖温带大陆性季风气候。灌区无霜期占全年时长的 60%，早霜经常从每年 10 月份的下旬开始，晚霜会在 3 月份来临。灌区日照充足，昼夜温差变化大，多年平均蒸发量为 1 864 mm，多年平均降雨量为 581.2 mm。年内降雨量分配不均，夏秋雨量充沛，春冬干旱少雨。卫河、东孟姜女河和西孟姜女河为灌区内部的主要河流。卫河河身长 344.5 km，流域面积为 14 970 km²，平均流量为 65.3 m³/s，年均天然径流量为 20.6 亿 m³，河床纵比降范围在 10 000～1/2 000，是负责排泄灌区涝水和地下水的总承泄区。东孟姜女河的河身长 33.78 km，流域面积为 382.5 km²，主要负责排泄区内涝水、灌溉退水和工业废水。西孟姜女河的河身长 28.7 km，流域面积为 197 km²，主要负责汛期排水，如今此河不仅污染严重，而且出现严重淤积现象。

农业是灌区经济的基础产业，灌区种植的作物以旱作物为主，此外还有部分晚稻。灌区内主要粮食作物为玉米、小麦、花生、水稻。灌区西南部的冯庄地区主要作物是冬小麦夏水稻，东北部张班枣、塔铺和西史庄地区主要作物是冬小麦、夏花生。灌区小麦生长期为每年的 10 月初一、次年的 5 月底，水稻／玉米／花生的生长期为每年 6—9 月底。由于地区、天气和农民习惯的差异，具体作物管理方式也存在差异。当季降雨充沛时，该地区灌溉次数会有明显减少；当季降雨缺乏时，该地区灌溉次数会增多。冯庄和王官营地区由于靠近主干渠，实行井渠结合灌溉，夏季主要以引黄灌溉为主，冬季以井灌开采地下水为主。近年来，引黄灌溉成本较高、黄河下游河床下切、引黄涵闸引水能力下降等原因，导致灌区农作物灌溉方式也随之发生改变，井灌面积、井渠结合灌溉面积增大，渠灌面积减少。

二、人民胜利渠灌区浑水灌溉

浑水灌溉是通过沉沙池沉淀粗颗粒泥沙后，把细颗粒泥沙送到田的另一种形式，它是指含沙水流通过沉沙池流程通过输水渠道进到田间。其最明显的特征是把引入泥沙的治理应用从点转变成面，扩展了泥沙应用领域，减少了渠道淤积。沉淀泥沙的理想状态为，进到输沙渠的泥沙尽量少集中在渠首，而朝灌区中、下游与分支渠道运送，让绝大多数泥沙（60%～70%）进到田间。浑水灌溉处理的泥沙沿程经科学使用不会出现累积性堆沙。若使这个模式变成现实，从技术方面来说即实现泥沙远程运输就需要削减输沙通道的泥沙淤积，除原来行之有效的项目措施外，还需要提供足够的输沙动力，即通过增大水面纵比降、提高流速、增大渠道中水流运送泥沙性能来实现泥沙远送的目标。提升水流动力的常用技术手段即在渠道恰当位置建设提水泵站扬水进渠与分流。

要实现泥沙尽量朝田间运送，削减渠道淤积，需对现有项目展开系统分析，根据改扩建要求科学调节渠网分布，尽量增加输水通道纵坡，以取得提升灌溉引水位、削减渠道淤积、节约灌溉费用等一系列成效。

人民胜利渠灌区位于中国河南省北部、黄河下游的上段。灌区自建立距今近70年时间，早已从建立初期的引黄自流灌溉农业区域渐渐转变为城乡生活、工商业、生态等多种功能的用水区域。近年来，黄河流域的水资源状况越来越不乐观。流域内各省经济社会快速发展产生的越来越大的水资源需求使有限的黄河水资源越来越紧张。因北方灌区的可利用水资源本就匮乏，灌区内河道大多时间干涸断流，地表水灌溉成本的提高使得地下水成为支撑农业发展的重要水源，灌溉方式由渠灌向井灌过渡。

地表水、地下水和引入的黄河水（以下简称"引黄水"）是人民胜利渠灌区的主要水资源。地表水灌溉是指用河川、湖泊及汇流过程中拦蓄起来的地表径流进行的灌溉。灌区使用的地下水主要来自浅含水层，地下水自西南向东北方向流动，最高水位位于西南部的黄河滩区引黄口处，年均水位埋深约为 4 m，最低水位位于灌区东北部，年均水位埋深约为 9 m。渠道自流是灌区的主要灌溉方式，近年来引黄水需要供应给城镇工业、生活用水和农业灌溉。灌区的引水能力较差，用水条件存在很大差异。上游灌溉区基本上可以确保耕地被黄河水灌溉,而下游灌溉区则使用井水灌溉较多。

人民胜利渠灌区有四套系统,即渠灌系统、井灌系统、泥沙处理系统和排水系统。灌区内灌排分设,灌区的主要排水渠系为卫河、东孟姜女河、西孟姜女河、总干渠、南长虹渠、西柳青河和文岩渠。人民胜利渠 1952 年 4 月开闸放水,设计灌溉面积为 12.32 万 hm² (1 hm²=10 000 m²),有效灌溉面积为 9.06 万 hm²。灌区内的主要灌溉水源为黄河水和地下水,此外还有极少部分耕地使用共产主义渠水和孟姜女河河水。近年来,随着灌区经济与社会的发展,水资源短缺问题日益严峻,引黄水量也越来越少。

人民胜利渠管理局经过多年的探索和实践摸索出了泥沙处理的途径:从源头上减少入渠泥沙,即在渠首开始防沙,避开沙峰引水,并采取井渠结合措施尽量做到单位灌溉面积上少用黄河水,从而达到少引泥沙的目的。调配进入渠系的泥沙,粗颗粒淤到沉沙池,细颗粒送到田间;严格控制退水泥沙淤积排涝河道。沉沙池一般选在灌区上游低洼盐碱荒地,尽量将粗颗粒落在沉沙池,为保证达到淤积要求而又不浪费沉沙池容积,应在出口调节沉沙池水位,控制出池泥沙的粒径,合理设计沉沙池长度和形状以保证淤积效果,后期可采用在汛期淤泥改良土壤结构的方法,满足耕作层要求。人民胜利渠管理局通过对灌区泥沙问题的观测研究,将湖泊型沉沙池改为条池,并将拦沙率确定为 40.00% ~ 45.00%,提高了耕地的利用率,使沉沙池的使用寿命由设计的 3 年提高到了 5 年,实验期间共处理泥沙 400.00 万 m³,达到了从源头上拦粗排细的目的。在入渠泥沙方面,人民胜利渠管理局摸清了各级渠系泥沙的分布规律,研究确定了不冲不淤渠道的断面形态和挟沙能力,提出了在多泥沙情况下实行避沙峰引水(指标为汛期 70.00 kg/m³,非汛期 35.00 kg/m³)、在灌溉期间实行集中供水或井渠并用的管理模式,将 60.00% ~ 70.00% 的细颗粒泥沙输送到田间(包括田间渠系),保证了骨干渠系的冲淤平衡,实现了科学浑水灌溉。

人民胜利渠浑水灌溉可入田改土。经过沉沙池对粗颗粒泥沙处理后,粒径小于 0.04 mm 的含有大量有机成分的细颗粒泥沙通过远距离输送技术输送到田间,可实现浑水灌溉。新乡县七里营、小吉等 10 块高产田的土壤颗粒的平均粒径为 0.028 2 mm。因此,浑水灌溉后土壤完全能达到高产土壤的标准。浑水灌溉对盐碱土壤也有改良作用。

泥沙处理与利用是相辅相成的,只有通过泥沙资源利用形成连续的资金链,泥沙处理设施才能正常运行,并得到有效维护。因此,不仅要从技术上寻求泥沙处理与利用的途径，更要从运行管理机制上实现泥沙处理与利用的有机结合，保证二者的良性循环。

三、人民胜利渠灌区输沙入田

为了解决灌区耕地盐碱化问题，从 1954 年开始，人民胜利渠灌区逐步实施计划用水，推行井渠结合，建立了一套水盐监测、水量调配制度，同时积极开展盐碱地改良的科学研究工作。在引黄泥沙淤积问题上，采用沉沙池集中处理，并积极开展渠系调整，提高渠道输沙能力，把泥沙输送到田间，既减轻了渠道淤积，又提高了土壤肥力，为黄河下游引黄灌溉开创了先例。自 20 世纪 90 年代以来，人民胜利渠灌区积极开展节水减淤的技术改造项目，以适应社会经济发展的要求。

输沙入田是灌区泥沙处理的最佳选择。黄河泥沙具有一定的肥力，淤积在灌排渠道是一种负担，如能送到田间，可以肥田增产，变害为利。因此，在对人民胜利渠灌区进行规划时，项目规划人员就对输沙入田十分重视。在规划中，项目规划人员充分利用灌区地面纵比降较大的有利条件，把各级渠道纵比降尽可能设计得大一些，以提高渠道挟沙能力。在灌区续建配套和节水改造过程中，还对总干渠部分渠段和西一干渠、东三干渠上段等渠道渠底纵比降进行了调整，取消了一些跌水，拆除了一些阻水建筑物，提高了这些渠道的输水挟沙能力。

人民胜利渠灌区被国家列入大型灌区续建配套与节水改造项目。在灌区续建配套和节水改造过程中，该项目做到了节水和减淤相结合，并将大部分投资用于干支渠道衬砌，已完成干支渠道衬砌 78.39 km。衬砌过的渠道，不仅能减少渠道渗漏损失，提高水的有效利用系数，而且能够减小渠道糙率，和土渠相比，可使渠道流速提高 43% ～ 60%，挟沙能力提高 1.91 ～ 3.1 倍。因此，渠道衬砌后可大大减轻渠道淤积，为实现输沙入田创造了条件。

自黄河小浪底枢纽工程运行后，渠首引水含沙量大量减少，加之灌区续建配套和节水改造等诸多因素的影响，灌区泥沙问题得到了很大缓解。由此可见，人民胜利渠实行浑水灌溉是可行的。

四、人民胜利渠灌区信息化建设

人民胜利渠灌区在浑水灌溉和输沙入田的成功经验基础上，通过信息化建设，可实现对从引水口到总干渠三号水利枢纽的实时监控，包括采集各管理处地下水深度的测量数据，实时监控各主要支渠等。因此，可以看到信息化已经成为现代化灌区的重要组成部分。为了逐步完善灌区基层管理信息体系，可根据灌区工程点多、线长、面广的特点，积极引进实用性较强、操作便捷、运行稳定的现代灌区信息化管理设备及应用系统，以方便整合与集成灌区相关信息资源。有条件的灌区还可将互联网、云计算和可视化等新一代互联网应用技术运用到现代化灌区，建立高效协同的灌区信息服务体系，有利于实现浑水灌溉和输沙入田的数字化管理。

①降雨量、地下水位、土壤墒情信息采集。灌区作物水环境监测站共布设 3 个监测点（可以同时监测地下水位），分别对灌区内的降雨量、地下水水位及土壤墒情进行实时监测，每个监测点的选址要有代表性和覆盖性，所得数据要能够较准确地反映灌区作物水环境的实际情况。灌区地下水监测站共布设 9 个监测点，每个监测点都可对地下水位进行监测，加上上述 3 个可以同时获得地下水位数据的监测点，整个灌区地下水位监测点达 12 个，基本可以实现对灌区重要部位全覆盖，这样所获得的监测数据就更全面、更准确、更有分析价值。在灌区内（渠首引水口和张菜园闸下游）布设 2 个地表水监测点，监测流经此地的地表水位数据，通过对这两个关键部位地表水流量的实时监测，可以更及时地掌握渠首引水能力的变化，更准确地分析渠道水量损失的情况，同时也可以为日后的水量科学调度和科学分析工程状态提供宝贵依据。

②闸门远程监测与视频远程监控。对人民胜利渠灌区 20 处共 46 孔闸门进行远程可视化闸门监测，在闸门上下游布置雷达水位计，对闸门上下游水位进行监测，计算闸门流量，采集的数据每 2 min 通过无线通信技术上传服务器并进行存储，同时在闸门上下游及周围布设视频监控点，可对闸门开启情况进行实时可视化监控，改变了传统方式中靠人工进行监测的烦琐状况，使工作人员在计算机屏幕前就能得到闸门工作状态的第一手资料，改善了一线工作人员的工作环境，提高了工作效率。

③水质数据在线采集。在人民胜利渠总干渠二号水利枢纽下游建设了一套常规五参数水质数据在线采集系统，实时采集水质数据（常规五项），并通过无线通信技术进行数据传输，为工作人员分析总干渠水质变化提供了科学依据，可及时发现污染水质的行为，避免破坏水环境的事件发生。

④灌区（防汛抗旱）视频会商系统。灌区（防汛抗旱）视频会商系统的建立，加快了信息传递的速度，缩短了决策周期和执行周期，改变了以往开会各分局、管理处需要驱车往返管理局机关的状况，大大提高了工作效率。

信息化建设，可以实现对人民胜利渠灌区各主要干支渠实时数据的采集。这些实时数据的采集上报汇总，可以为科学调水、农业灌溉、输沙入田等决策提供可靠的技术支持。

第二节　簸箕李引黄灌区泥沙处理利用的实践案例分析

簸箕李引黄灌区位于黄河下游、山东省滨州市最西部，设计控制面积为 3 010 km²，占滨州市总土地面积的 31.84%，是我国大型引黄灌区之一。簸箕李引黄灌区建有东、西两个引黄闸，设计总引水流量为 125.0 m³/s，设计灌溉面积为 2 452.5 hm²，占滨州市总灌溉面积的 36.1%。经过多年建设和工程改造，簸箕李引黄灌区已形成了较为完善的引水工程、输水工程、蓄水工程和灌溉示范工程四大工程体系。其中核心的骨干渠道主要由沉沙条渠、总干渠、一干渠、二干渠四部分组成，总干渠长 36.43 km，一干渠长 46.38 km，二干渠长 65.7 km。

一、多措并举处理泥沙问题

引水必引沙，泥沙问题一直困扰着各个引黄灌区，灌区实施水土保持项目，植树造林，改善生态环境，2019—2020 年滨州市完成水土治理 0.8 万 hm²。同时，灌区利用多种措施改善和处理泥沙，簸箕李引黄灌区沉沙池位于渠首，渠首沉沙区土地沙化严重，灌区利用国家土地开发整理项目扶持资金进行治理，对东、西条渠间 0.11 万 hm² 沙化地进行了开发整理，种植速生杨 2.3 万株，新增耕地 542 hm²。

二、实施节水改造

近年来，簸箕李引黄灌区干渠实施节水改造工程，采用防渗混凝土衬砌板和防渗土工布相结合的方式，使渠道糙率达 0.014 ~ 0.015，以提高水流速度、降低水分渗漏、提升抗冲能力和减少输水损失。簸箕李引黄灌区干渠以下渠道衬砌率较低，水损耗较大。2020 年，簸箕李引黄灌区实施农业节水工程。该工程涉及 268.7 万 hm² 农田，通过完善渠系与管网工程、进行支渠衬砌、补齐渠系量水设施和实施农业用水"计量收费"，提高了水的利用效率。

第三节　小开河引黄灌区泥沙处理利用的实践案例分析

　　小开河引黄灌区位于山东省北部，黄河下游左岸，是我国大型引黄灌区之一。灌区涉及滨州市的滨城区、惠民县、阳信县、沾化区、无棣县、北海新区共6个县（区），设计灌溉面积110万亩。灌区总长94.2 km，设计灌溉面积7.3万 hm^2，设计引水流量为60 m^3/s，涉及滨州市黄河以北所有县区，承担着区域生活、生产、生态用水重任。

　　小开河引黄灌区利用黄河泥沙的潜力，是指根据现有引水规模进入沉沙池的沙量分析，在可能的条件下的最大引沙量，即利用汛期引沙颗粒较细的有利条件，适时采用高水位、大流量、较高含沙量引水，其制约因素是距渠首8 km范围内的渠道淤积问题。

一、远距离管道输沙

　　小开河引黄管道输沙工程是我国管道输沙工程的起步工程。目前国内管道长距离输矿、输煤技术已日趋成熟，建设了多条长距离管道输矿和输煤工程。管道输沙工程的研究和实践相对较少，在沿黄河两岸利用泥沙的淤背工程具有很长的历史，并延续至今，但输送距离一般在3～5 km。小开河引黄管道输沙工程设计由沉沙池出口沿输水渠设置多级泵串联运行，将泥沙输送25 km至郝家沟处，这在我国长距离管道输沙工程上尚属首次，需要对管道输沙系统，从基本数据到管道、泵型选择、配置等进行设计，并在运行中总结经验。

　　远距离输沙技术是解决黄河泥沙问题的有效方式之一。小开河引黄灌区开创了引黄灌区远距离输沙的先例。一般来说，引黄灌区在渠首建造沉沙池，但是小开河的渠首地势较高且为一狭长地带，村庄密集，人口集中，不具备沉沙条件，而渠中为青坡沟，南北长度为8 km，东西宽度为6 km，其面积为48 km^2，地势较低且大多为盐碱荒地，是沉沙的理想区域。因此，可通过修筑513 km的输沙干渠将含沙量高的黄河水输送到建在渠中的沉沙池。通过该方法，小开河引黄灌区上游（渠首到沉沙池）采用泥沙直接入田的浑水灌溉方式，下游（沉沙池到黄河入海口）采用清水灌溉方式，这种灌溉方式是引黄灌区典型的灌溉方式。该灌溉方式不仅可以解决引黄灌溉引入黄河泥沙的问题，还可以对当地低洼的盐碱地起到改良作用，从而改善当地的生态环境。

滨州、东营两市引黄灌区众多，年引沙量巨大，可试点采用挖泥船与加压泵站结合的方式进行远距离输沙改良盐碱地的探索。"船泵"结合管道远距离输沙已经成为一项相对成熟的技术，2006年在济南标准化堤防建设中，由吸泥船和三级加力泵站结合，可将泥沙输送到11 km外的淤区，单船日输沙能力在3 000 m³以上。小开河引黄灌区沉沙池距最下游的无棣县北海新区仅30 km，而北海新区有大面积的可利用盐碱荒地。未来通过管道向黄河三角洲北部盐碱地输送黄河泥沙，具有极高的可行性。通过盐碱地合理掺沙，一是可改善盐碱土壤理化性状，达到农业增产增效的目的；二是能够"水沙齐送"，缓解北部沿海地区淡水资源缺乏的现状，改善生态；三是能进一步拓展城镇发展空间，确保耕地总量动态平衡。盐碱地的输沙改良对我国坚守土地红线、保障粮食安全、促进黄河下游引黄灌区可持续和高质量发展具有重要战略意义。

二、沉沙池生态修复

①沉沙池生态修复规划。黄河下游灌区引水必引沙，沙患是引黄灌区面临的主要问题，必须治理沙患、改善生态环境，才能实现生态保护和引黄供水有机统一，实现服务社会和美化环境相统一，实现开发、利用和保护相统一。灌区将沉沙池规划定位于建立生态恢复区和湿地区、统筹控制和改良弃土区，保护水资源，实现蓄水、净水、生态修复有机结合，保障供水安全，实现灌区社会和生态良性发展。灌区委托专业机构编制规划，明确建设目标，坚持保护优先、适度修复的原则，因地制宜、合理布局、重点突出，针对水土强烈侵蚀的沉沙池清淤弃土区、中度侵蚀的废弃弃土区和沉沙池实施综合防治分区治理，降低水土侵蚀，改善和修复生态。

②弃土区水土治理。沉沙池弃土区采用网格状划分弃土区，构建挡土坝绿化带分割弃土区，弃土网格交替使用、科学外运，最大限度地减少水土流失，保护生态环境。废弃弃土区实施生态修复，因地制宜、优化规划，实施水土保持工程，形成生态林带。对弃土区实行封闭式管理，禁止乱挖乱取土，按照规划在规定区域位置依照规定方式取土，坚持保护弃土区植被与减少弃土存量相结合。鼓励附近农民按照协议种植大豆、花生等经济植物。结合周边土地改良、工程建设、建材制造用土，根据灌区清淤量，合理设置弃土区高度，合理规划土方外运。

③弃土区生态修复。沉沙区东坝外侧为弃土区，由于多年清淤和土方外运，表层土壤高低不平，土壤盐碱度高、植物不易成活。选择不同种类树木，科学布局、分类实施、分区治理，宜林则林宜草则草，人工技术与自然修复结合，实施

封育保护，提高水土保持率，防止水土流失。对沉沙池外侧宽度为 50 ～ 60 m 的土地进行平整，在原有基础上进行填挖，填筑土方 1.5×10^4 m³，形成种植平台，满足了绿化需要；在沉沙池东弃土区外建设排碱沟，既可起到排碱作用又可防止绿化平台遭人为破坏；为了满足工程管理需要，在沉沙池东坝修建了一条生产道路。由于该处土壤盐碱度较高，根据土壤盐碱含量高低，分别选择种植白蜡、白杨等当地乔木，在生产道路两侧种植国槐，树木种植密度为 1 100 株 /hm²，株行距为 3.0 m × 2.5 m。采用机械挖 0.5 m × 0.5 m 的树穴，底部铺客土、农家肥，树木采取带土种植。专人负责，统一管理，明确目标，落实责任，定期组织专业人员进行修剪管护，定期检查验收。同时生态修复区出入口和交通道路沿途建有多处摄像头进行实时监控，发现问题及时处理，使整个管理过程可记录、可追溯。

④灌区生态建设——小开河国家湿地公园。山东省滨州市小开河国家湿地公园是在小开河引黄灌区的基础上建成的，为山东省第一个引黄灌区国家湿地公园。湿地公园以小开河引黄闸为起点，沿渠道主体向北延伸至沉沙池，包括灌区上游 51.3 km 输沙干渠及位于灌区中游的 4.2 km 沉沙池，以所经区域内灌区确权管辖范围为界，呈南北走向。湿地公园包括渠道上的闸口、渡槽，两岸的排沟和缓冲地带及相关的地被景观，规划总面积为 728.45 hm²，其中湿地面积为 598.84 hm²，湿地率为 82.20%。滨州市濒临渤海，土地盐碱化程度较高，区域内主要淡水来源为黄河水，小开河引黄灌区通水前，区域内有大面积盐碱荒地，生态环境较为恶劣。1998 年 11 月底，小开河引黄灌区建成通水后，区域内生态环境逐渐发生了变化。小开河引黄灌区采用大纵比降、远距离输沙技术，将沉沙池设在距离引黄闸 51.3 km 的灌区中游，集中沉沙，以挖待沉。沉沙池南北长 4.2 km，东西最宽处约 360 m，呈梭形结构，占地约 180 hm²。灌区建成前，全部为盐碱地，以国有荒地为主，集体部分次之。该区域地势低洼，平均地面高程（黄海高程）为 3.5 ～ 4 m。1998 年，小开河引黄灌区通水后，改变了这里的水资源结构和生态状况。一是 1999 年灌区通水后，大量黄河泥沙进入沉沙池，2000 年因资金所限，只对部分区域进行了清淤，遗留了部分淤土；二是随着灌区节水改造工程的兴建、种植结构的调整、黄河来水来沙条件的变化，灌区的引水量及进入沉沙池的泥沙量逐年减少，大面积沉沙区闲置；三是通过人为调控，使沉沙区域基本固定，降低了对未清淤部分的干扰，为湿地的形成奠定了基础。这样由黄河水带来的树种、草种便开始在沉沙池常年未清淤部分生根发芽，逐渐形成规模，演变为生态湿地。起初，为做好对渐成规模的沉沙池柳林、草甸等的保护，主要实施了以下措施：①开挖隔离沟。沿沉沙池周边开挖宽 1.5 ～ 2 m、深 1.5 m 的隔离沟，

沟内常年存水，阻止无关人员进入。②长期适当存水，营造适宜生境。合理控制沉沙池水位，常年保持相对固定水面面积，减少泥沙裸露，减轻引黄泥沙沙化风蚀。③加强与当地公安部门联合执法，加强湿地巡查和管护。④实施水土保持工程，系统治理沉沙池泥沙堆积区。在泥沙堆积区内，对清淤弃土进行网格化封闭筑堤，弃土区四周建立挡土坝，既做排淤围堰，又做绿化平台，建立乔木、灌木及草本植物的立体配置模式，水平配置以混交林营建为主，做到防风固沙。通过一系列措施，小开河沉沙池环境发生了极大改变，逐步形成了以自然生长的柳林为主的湿地核心区，并引来了白鹭、野鸭、天鹅等大量的鸟类栖息。湿地天然柳林面积近 40 hm²，柳林、芦苇、香蒲等植被高低错落，空间异质。2013 年 12 月，小开河沉沙池湿地顺利通过省级湿地公园评审，成为山东省第一个引黄灌区"省级湿地公园"。小开河引黄灌区上游有 51.3 km 的干渠，在工程建设期间取土筑堤，堤坝两侧开挖成连片的水塘、沟渠，逐步形成了一条带状湿地。结合小开河引黄灌区国家水利风景区的建设，2000 年以来，沿干渠两岸堤坝及堤坝两侧绿化平台种植各类绿化树木 15 万余株，在低洼地带种植白莲藕 66.67 hm²，并修筑了高标准的渠堤道路，渠道沿途逐渐形成了荷叶飘香、鸟鸣林翠、环境优美、生态宜人的"绿色走廊"。党的十八大以来，小开河引黄灌区创新方式方法，坚持水源地保护与湿地保护相结合、水土保持与景观建设相结合的原则，探索建立了以小开河沉沙池湿地为主，包括灌区上游沿渠两岸绿化带取土坑塘、水池在内的湿地保护区，逐步形成了小开河国家湿地公园的雏形。2017 年 12 月，山东滨州小开河国家湿地公园获批试点建设。

⑤沉沙池湿地生态带修复。沉沙池为灌区沉沙功能区，在沉沙池中部东坝附近 50 m 宽的区域原为清淤泥沙堆积区，地势高低不平、岗洼起伏。沉沙池东坝恢复为自然河岸，增强了水岸与湿地水体之间的水分交换和调节功能，保证了水陆间的物质循环和能量流通，为野生动植物创造了繁衍生息的场所。沉沙池东坝沿河段恢复为缓坡型自然原型河岸类型，对沉沙池内东侧长 1 500 m、宽 50 m 的区域进行了整理，整修了突起地形，保留了岛状地貌，形成了不同植被的镶嵌，为多种物种的生存和繁衍提供了栖息地。分荷花区、苇草湿地区、沿岸柳林区布设种植，采用灌木、湿生和水生植物护岸与自然相融合的护岸形式，保留了陆地与河流的物质能量、信息等交换能力。沉沙池位于灌区中游距离渠首 53 km 处，灌溉期沉沙池泄水保证下游用水，灌溉期末合理调控节制闸，灌区年引水时长在 180 d 左右，沉沙池常年存蓄一定水量，根据年内不同时间进行水位－水量双调控，形成长 4.2 km 的湖泊，可起到调节大气湿度、降低粉尘、保障沉沙池生态系统

运行的作用。为保护沉沙池生态环境和各类动植物栖息地，灌区在沉沙池周边建有安全隔离网，同时建立了信息化监控平台，专人负责管控，杜绝人为破坏，保护动植物的生存环境。沉沙池核心区已形成了水利型人工湿地，湿地内动植物种群、种类和数量显著增加，生态环境明显改善。

三、泥沙淤泥处理

（一）减少泥沙引入量

要想减少泥沙引入量，应从源头治理，改造渠首，以提高供水保障。学者张林忠等人根据黄河下游有关涵闸改建资料并结合模型实验研究成果，提出了新建闸前固定泵站改造方案，即在原引黄闸前新建泵站及自流闸（采取垂直水流方向布置），泵站由连接段、自流闸、泵室、出水池、箱式变电站等部分组成。自流闸位于中间，满足绝大部分时间的自流要求，泵室分列两侧。自流闸设计流量为 $60 \text{ m}^3/\text{s}$，泵站设计流量为 $35 \text{ m}^3/\text{s}$，在黄河水位不满足自流引水时采用泵站提水，以满足在调水调沙影响下灌区的用水需求。2021 年 3 月，由黄河水利委员会黄河水利科学研究院通过分析研究拟定改建引黄闸方案闸址处的河道特点、河段河势、闸前流场、河床演变、径流泥沙及其与水利水电工程、水文测验设备的关系，对拟选 3 处闸位进行了比选，最终确定"兰家险工 21—22 号垛间"为推荐闸位。以上渠首改造方案未能列入"十四五"规划，需获得水利部黄河水利委员会批准后单独作为一个项目申报。

（二）分散处理泥沙淤积

应合理规划引、输、沉、淤工程位置，建立与渠首引水工程改造相对应的输沙渠优化改造方案并科学调配，从上游将泥沙输送到下级渠道和农田中去，为沉沙池减少淤积压力。例如，输沙渠左岸弃土高达 4～5 m，因缺乏专门的载重汽车道路无法运出，使周边环境恶化，靠反复覆盖防尘网这种临时措施不能从根本上解决问题，可考虑建设泥沙外运通道来解决清淤弃土堆放困难的问题。

（三）利用挖泥船清淤

小开河引黄灌区管理局开展了利用挖泥船清淤的探索，分别采用冲吸式及绞吸式挖泥船进行了实验。

①冲吸式挖泥船清淤，效果不理想。主要原因如下：沉沙池内淤积泥沙黏性较高，功率小的冲吸船难以冲刷搅动，出泥率低；经验不足，沉沙池内水位变化较大，灌区停水时未及时清出足够深度存水形成"船窝"，导致挖泥船搁浅，无法正常施工。

②绞吸式挖泥船清淤效果较好，可以顺利打出输水通道，为灌区引水提供保障。绞吸式挖泥船通过绞刀的旋转，将淤泥挖掘并与水混合成泥浆，再利用泥浆泵将泥浆经管道输送到清淤弃土场。

挖泥船清淤注意事项：①根据灌区用水需求，沉沙池水位变化较大，挖泥船要在沉沙池水位较高时抓紧进场施工，将船周围清理出一定深度存水，防止船体搁浅。②注意水流流速，当流速小于 0.5 m/s 时，采用顺流开挖；当流速大于 0.5 m/s 时，采用逆流开挖。沉沙池引水期间平均流速大于 0.5 m/s，采用挖泥船泥浆泵逆流清淤方案，可以提高出泥率。③控制好清淤深度，密切观察含泥量变化，及时移动绞刀位置，防止出现超挖。可在绞刀架杆上安装水尺，随时观测并及时调整开挖深度。④注意施工安全。施工区域内岸上、水上都要设置各种警示、提示信号，水上作业要穿好救生衣，注意用电安全，严格按照规程布置电缆，注意接头的绝缘保护，并加强现场操作人员的管理培训。⑤规范设备养护操作，防止环境污染。大部分引黄灌区为饮用水源保护地，小开河引黄灌区沉沙池还是"国家湿地公园"核心区域，要注意规范操作，特别是添加机械油液时要特别注意。

（四）提升清淤效能

引水、沉沙是沉沙池湿地形成和演替的主要因素。沉沙池进口连接段和扩散段总长 1 700 m，平面形态由 50 m 加大至 320 m，水流速度为 0.038 m/s，大量泥沙在此段沉积。出口收缩段长 655 m，纵比降为 1/1 074。整个布局使泥沙尽量在沉沙池中淤积且自上而下递减分布。在沉沙池下部，少量泥沙不断沉积并与原低洼盐化潮土形成或分片或分层的空间分布，演变成水利型人工湿地，成为多种水鸟的栖息地，部分沉沙区生长的水生植物、底栖动物和浮游生物构成了一条相对较短的食物链。以上布局形成了以上游扩散段淤积量最大且水生植物较少为主要特征的"清淤重点区"。清淤时，首先在清淤区和非清淤区填筑施工分隔围堰将水排至非清淤区，以确保水生生物的生存空间；其次将沉沙池与周边水系连通，对周边水系同步拓宽和疏浚。当周边的地表水、地下水和灌溉退水流入湿地区时，即形成湿地水系的水循环流动，同时水生植物可吸附水中重金属和大量营养物，达到改善湿地水质目的；对清淤弃土区进行网格化筑堤，既可排淤围堰，又可作为绿化平台，构建起乔木、灌木及草本植物的立体防护体系。

（五）多渠道开发利用淤沙资源

沉沙池中相对较细的泥沙还可作为制砖的原材料。为了实现泥沙资源的可持续利用，可考虑与当地砖窑厂签署合作协议，加强泥沙制砖的技术研究和推广应用，并争取政府对黄河泥沙资源利用的政策支持。另外，也可为附近区域高速公路等基础设施建设提供路基用土，以达到资源化利用的目的。

（六）提高用水效率

山东省为落实黄河流域生态保护和高质量发展，针对沿黄地市水资源紧缺和农业发展的瓶颈问题，部署实施了引黄灌区农业节水工程。利用这一契机，小开河引黄灌区可采取以下措施：按照现代化灌区建设标准，提高干渠、支渠衬砌率，以防渗节水及增大挟沙能力；发展田间高效节水，积累冬枣种植区水肥一体化滴灌系统示范项目的技术经验，尽快推广应用，实现管灌、滴灌规模化；实施各级分水口计量设施安装，以实现控水、测水、数据传输智能化；科学调控水沙，根据黄河来水情况避免高含沙时段引水；深入开展用水计量配套机制建设及灌区农业水价综合改革；建立基层农民用水组织，激励用水户参与灌区管理；加速推进灌区标准化规范化管理，提高灌区管理人员业务素质和能力。小开河引黄灌区只有从上述工程措施和管理措施入手，才能提高用水效率、向现代化、生态化灌区迈进。

第四节　位山引黄灌区泥沙处理利用的实践案例分析

一、位山引黄灌区概况

（一）地理位置及自然条件概况

位山引黄灌区位于山东省聊城市，涉及东阿县、东昌府区、茌平区、高唐县、阳谷县、冠县、临清市、夏津县 8 县（市）区。灌区总面积为 5 700 km²，是黄河下游大型引黄灌区之一，也是我国第五大灌区，灌溉方式为渠灌。由于受黄河历次决口改道和自然侵蚀的影响，灌区内形成了轻微起伏，岗、坡、洼相间的黄河冲积平原。灌区处于温带季风气候区，具有明显的季风气候特征，属半干旱大陆性气候。春季干旱多风，阳光充足；夏季温热多雨，雨热同步；秋季气温下降较快，辐射减弱；冬季则寒冷干燥，雨雪稀少。四季的基本特征表现为"春旱多风，夏热多雨，晚秋易旱，冬季干旱"。灌区平均年降水量为 550 mm，年降水量最多为 785.3 mm，年降水量最少为 312.7 mm，且年内降水量不均，全年降水的 60% 集中于夏季，因而在夏季常造成局部内涝。但在春季，区域干旱现象频繁发生，因此常采用引黄灌溉的策略缓解旱情。渠首工程——位山引黄闸设计引水流量为 240 m³/s，设计灌溉面积为 540 万亩；灌区骨干工程设有东、西两条输沙渠，两个沉沙区和三条干渠，总长 274 km。

灌区内主要农作物可分为春、秋两季作物，春季作物主要有小麦、蔬菜、覆膜花生（春花生）、大棚蔬菜等。秋季农作物主要为玉米和棉花。夏津县素有"银夏津"之称，高唐县与夏津县接壤，农业经济行为的影响导致棉花的种植区主要分布于夏津和高唐两县。温室大棚因其一次性投入高、产出高的特点，年度变化较小，而黄瓜在冠县为大面积种植的蔬菜。秋花生的种植区主要分布在清平镇一带，受当地政府政策扶持的影响，具有一定的集聚性。

灌区南靠黄河，北临卫运河，东与德州市相接，马颊河和徒骇河从灌区自西南向东北贯穿而过，灌区属黄河下游冲积形成的平原，地面高程范围为 47.80 ～ 22.80 m（以黄海基面为准），地势平坦开阔，地面自然坡降大致为 1/7 000 ～ 1/10 000。地貌类型有高地、坡地、洼地等，种类繁多，且间隔分布，相对海拔差异较小。高地主要分布在灌区的西部及马颊河以北的临清市、冠县和高唐县部分地区；坡地分布集中，覆盖了大面积的马颊河以南的地区，辐射范围广；而地势相对较低的洼地则呈点状分布于岗地、坡地之间。

由于黄河携带的大量泥沙沉积，土壤主要源自黄河的沉积物，灌区地表均为多年间黄河不断变化游走冲刷堆积的土层，按照流经地区由近及远划分土壤类型，依次形成沙质土、壤土和黏土。灌区轻壤土和沙壤土分布面积最广，其中轻壤土占比最高，为灌区面积的一半以上，由于灌区土层厚度较好、沙黏适合且光热条件良好，适于耕作，作物有较高的农业价值。

地质岩性主要由砂壤土、壤土、粉砂颗粒等组成，层厚均匀，层位稳定，主要为第四系全新统冲积相堆积物。

灌区属暖温带半干旱大陆性季风气候区，具有春季多风少雨、夏季炎热湿润、秋季晴朗干燥、冬季寒冷少雨雪，四季分明的特征。灌区内多年平均气温约为 13.2 ℃，1 月份与 7 月份分别是气温最低（-2.3 ～ 3.3 ℃）及最高月份（27 ℃）。多年平均日照时长为 2 514.7 ～ 2 740.7 h，风向均以南风为主，其次是北到东北风；全年平均风速范围保持在 3.4 ～ 3.9 m/s。多年降水量的平均值为 558.4 mm，年际间降水差异很大。

灌区可利用的水资源包括当地地表水资源、纵贯穿整个灌区的徒骇河、马颊河的境外来水中的一部分和黄河水、长江水和卫运河水及灌区浅层地下水资源。其中，地表水和地下水资源是主要的可利用水资源。灌区内的地表水资源由当地水资源（区内降水）和客水资源（境外来水、引黄水量、引卫水量和引江水量）组成。灌区的水资源时空分布极不均衡，空间分布由东南方向西北方递减，多年降水量的平均值最大相差约 40 mm；位山引黄灌区的地下水开采条件较好，具有方便开采、容易回补等特点。

（二）灌区现代化管理

尽管灌区内存在金堤河、徒骇河、马颊河、京杭运河等河流，且有东昌湖、金水湖、信源水库、南王水库和双海湖等湖泊，但灌区农业仍需大量引用黄河水源进行农业灌溉。长期的引黄灌溉，也引进了大量的泥沙，形成了全国最大的沉沙池区，占地近 5 万亩，总泥沙量为 3.6 亿 m³。引黄灌溉而产生的尘沙是导致贫困区生态脆弱、土地贫瘠、基础设施落后、生产生活条件恶劣的主要原因之一。目前，着重推进改革创新，全面推行现代化新型灌区建设，改变供水策略，发展节水型农业势在必行。遥感技术可实现灌区农作物空间分布可视化，且具有高时间分辨率、低成本的优势。掌握灌区种植结构基础资料，可为改变水量时空分配，推动灌区节水智能化发展提供基础数据。目前灌区正在推广以轮、续、灌结合、"计量供水、流量包段"为主的新型管理方式，同时着手水价制度改革，旨在打造节水型灌区。

1. 位山引黄灌区建设理念

（1）天人合一

"天人合一"理念是华夏儿女几千年来凝聚的民族精神中最为璀璨的一颗明珠，率先道出了人与自然的辩证统一。从都江堰、灵渠等世界灌溉工程遗产的建设中，我们可以充分看出中国人在处理人类社会和自然环境关系时一直秉承这一理念。习近平总书记提出的"两山"理论，是"天人合一"理念的现代化叙述，是对中华民族精神的传承和发扬，现代化灌区应该充分践行"天人合一"理念，统筹灌区山水林田湖草的综合管护，兼顾居民生活、工业生产、景观生态等功能，追求水资源的高效利用与循环利用，避免水资源的浪费与污染，以实现灌区经济社会与生态环境相辅相成、和谐发展。

（2）科技引领

现代化灌区建设自然离不开现代化科学技术的应用与推广。纵观发达国家的农业生产，从播种到收获的整个过程都充斥着科技的味道。众多"黑科技"的应用，不仅降低了这些国家农产品生产过程的人工成本，而且提升了农产品的产量和品质，满足了人们对农产品精致化、标准化、多样化的要求，使得这些国家农产品的国际竞争力非常强。以"西欧小国"荷兰为例，虽然仅有 4.1 万 km^2 的国土面积，但年农业净出额却高达 300 多亿美元，仅次于美国，处于全球第二位，是名副其实的"农业大国"。我们可以看到，农业的传承发展不再是庄稼把式间的口口相传，而是可以利用现代化技术进行精细管控，以互联网技术为基础的高新技术的发展为现代化灌区建设提供了更好的手段和方法。

（3）创新驱动

第四次科技革命孕育了新的产业变革，带动了多学科之间的交叉融合、协同发展，也使我们意识到创新驱动经济社会发展是大势所趋，摆在灌区面前跨越发展的机会稍纵即逝，能够抓住就是莫大的机遇，抓不住就会给灌区发展带来不少阻碍，现代化灌区应该顺应时代潮流，以创新驱动发展。这里的创新不仅要有科技的创新，更应该有体制机制的创新、管理模式的创新、职工思想的创新等。只有从思想上充分认知、从制度上充分保障、从技术上充分支撑，才能称得上是真正的创新，才能使灌区适应新时代的发展要求。我们必须增强创新意识，培育创新本领，不观望不等靠、不消极不懈息，紧紧抓牢抓紧科技发展带来的机遇，多快好省地建设现代化灌区。

（4）可持续性

有别于"天人合一"理念包含的经济建设与生态环境可持续发展，我们这里所说的可持续性更多强调的是灌区作为一个有机整体的长远健康运行。之前很多好模式好方法得不到推广，或者虽然得以推行但不能持久，究其原因主要是"巧妇难为无米之炊"，灌区发展内在动力不足，造血能力较差，可持续性不强。我们必须贯彻可持续性理念，汇集社会各领域、政府各部门、灌区各级专管机构的能量，协调好农民增产增收和合理用水成本之间的关系，盘活灌区发展。

2.位山引黄灌区功能定位

（1）供水功能

聊城市是农业大市也是蔬菜强市，应该继续巩固位山引黄灌区在地区农业灌溉中发挥的中流砥柱作用，保障粮食生产安全。在此基础上，还应该积极拓展供水服务，为城市工业生产、城乡居民生活用水、城市生态环境保护等提供优质水源保障，发挥有限水资源效益。

（2）文旅功能

应深度挖掘引黄灌溉文化，打造富有特色的主题公园、引黄灌溉博物馆等，并继续建设好、推广好位山引黄灌区湿地公园、渠首公园等已有项目，同时要强化位山引黄灌区的文旅功能，积极创造新的经济增长点。

（3）科创功能

应依托位山引黄灌区灌溉实验站、高效节水示范园区建设，识别、优化、推广先进的灌溉模式及灌溉技术，促进农业节水，把节约的水资源用于产出更高的工业、旅游业等。

总之，现代化灌区就应该是通过全面规划设计，搭建系统的管理制度，夯实基础工程设施，推广应用先进科学技术，合理开发水土资源，增强对灌区人文环境、生态环境的调控能力，促进灌区种植结构调整优化，实现水资源的高效利用和灌区的可持续发展，更好地服务地区国民经济和社会发展。

进入新时代，位山引黄灌区管理处经过深入调研、科学分析，立足新时代、新发展，准确把握水利工作新矛盾和新要求，深入贯彻中央新时代治水方针、水利行业发展总基调，着眼于灌区的转型升级，通过新旧动能转换实现灌区的可持续发展。

二、位山引黄灌区泥沙概况及处理技术

（一）位山引黄灌区泥沙淤积分布及处理

位山引黄灌区泥沙主要淤积在输沙渠和沉沙池，两处泥沙淤积量占全灌区的52.6%；此外，泥沙淤积分布在干支渠两侧，此部分泥沙所占比例为38.5%；进入田间和排水沟的泥沙量较少，泥沙所占百分比仅为8.9%。

不同时期，灌区泥沙分布规律不同，总的规律是随着渠道改造工程的实施，输沙渠与沉沙池泥沙淤积比例逐渐减少。复灌初期（1970—1982年）占总量的

66.2%，工程改建期（1984—1993 年）所占比例减小至 50.9%，而节水改造后的 2000—2010 年输沙渠与沉沙池泥沙淤积比例降为 39.6%。与此相应，泥沙入田的比例逐渐提高，节水改造后由原来的 1.2% 陡升至 13.2%。可见，灌区对渠道的改造治理对于调整灌区泥沙分布，实现远距离输沙入田的作用十分明显。

灌区泥沙处理主要采取的是沉沙池集中沉沙的方式，经过长期的运行后，承担沉沙功能的东、西沉沙池容积已严重不足，剩余容积分别为 2 100 万 m^3 和 3 400 万 m^3，主要采取以挖待沉，以保证淤沙所需容积。特别是西渠系统承担着 410 万亩耕地灌溉和引黄入卫输水任务，西输沙渠的泥沙淤积严重和西沉沙池的容积严重不足，西输沙渠和西沉沙池的清淤量占整个灌区的 70% 以上。

位山引黄灌区开辟有两个沉沙区，东沉沙区位于东渠系统，西沉沙区位于西渠系统，经过多年的运用，位山引黄灌区输沙渠及东、西两个沉沙池区，清淤弃土共形成沙质高地 1 267 hm^2，极易引起生态环境问题，沉沙池地区的经济发展、生态环境、农民生产生活条件都明显低于灌区其他地区。

位山引黄灌区泥沙问题一直受到国家的高度关注。国家实施的以节水增效为中心的续建配套与节水改造项目，极大地改善了灌区的工程条件。西输沙渠衬砌后输沙条件有明显改善，但由于黄河来水及含沙量不稳定，输水后期输沙渠仍淤积严重。淤积的主要原因是输水流量达不到设计流量、沉沙池运用后期的溯源淤积或引水含沙量过高等。

（二）位山引黄灌区引水引沙能力

位山引黄闸自 1982 年改建之后，随着黄河河道的逐年淤积，引水能力逐渐增大，到 2000 年左右达到最大引水能力 380 m^3/s。自黄河调水调沙开始之后，随着黄河河道不断被冲刷，位山引黄闸的引水能力逐年下降，到 2017 年位山引黄闸的引水能力降低到 112 m^3/s，为原设计的 46.67%，2018 年引水能力下降到 82.85 m^3/s，为原设计引水能力的 34.5%，到 2019 年位山引黄闸的引水能力仅为 64 m^3/s。灌溉引水总量为 354 亿 m^3，总引沙量为 29 150 万 m^3，多年平均引水量为 10.11 亿 m^3，年引沙量为 832.86 万 m^3。

黄河小浪底运行后，连续的 10 次调水调沙对河道的冲刷效果明显，河床加深，对引黄闸的引水能力产生了影响。在小浪底水库调水调沙后的现状期，年引水量逐年减少，引水量不断增加并在 4 月达到峰值，而 4 月份过后直到 7 月份，引水量一直呈现下降趋势最终降到最低点。总的来说，灌区 4 月份与 10 月份是引水高峰期，此时灌区用水量迅速增加，而7、8月份为引水低峰期，随后引水量缓慢增加，灌区用水量趋于平缓。

我们将一年根据农田的灌溉情况分成三个阶段，即春灌（1—6月）、夏秋灌（7—10月）和冬灌（11—12月）三个灌溉季，其中春灌期间的用水量最大，引水量充足，约占全年用水量的80.4%，年际变化幅度相对较小；夏秋灌期相对于其他两个时期用水量最少，约占全年用水量的4.3%，年际变化幅度不大；冬灌期的用水量介于另外两个灌溉季之间，约占全年用水量的15.3%，年际变化幅度相对较大。

位山引黄灌区渠首引黄闸于1958年初步建成，原设计为10孔，逐个单宽为10 m，闸底高程为36.5 m，设计流量为400 m^3/s。为提高引黄闸的防洪能力，该闸在1981年设计改造，改后闸底高程提高到38.5 m，设计水位为41.0 m，在黄河流量为380 m^3/s时能够引水240 m^3/s，改为8孔，逐个单孔宽7.7 m，每孔高3 m。闸口后分为东西两渠，东3孔向东输沙渠供水，设计引水流量为80 m^3/s。为了计算黄河极限冲刷条件下位山引黄闸东输沙渠渠首的最大引水流量，需要对引黄水来水流量与闸前水位的关系进行对应分析，由此求出黄河实施调水调沙现状期间东输沙渠的闸前水位，可以得到：极限冲刷下，黄河来水达544 m^3/s时，东输沙渠可引水40 m^3/s；黄河来水达1 192 m^3/s时，东输沙渠可引水80 m^3/s。

根据引水引沙统计表，不同时期灌区的引沙能力不同，引沙量的变化很大：①小浪底水库拦沙作用较强，灌区年引沙量小于300万t；②当小浪底水库拦沙作用减弱后，在引水量变化不大的情况下远期灌区引沙量将与年均引沙量大体相当，可认为灌区年引沙量不大于1 000万t。

（三）位山引黄灌区泥沙处理技术

经过上游生态治理、建设淤地坝、小浪底水库联合调水调沙，黄河泥沙含量减少，但冲刷河床造成下游引黄灌区引水能力下降、引水流速变缓、挟沙能力下降，沉沙池和渠道淤积情况依然不容乐观。泥沙治理需要合理选择引水时机减少引沙量、水沙协同调配减少淤积、科学使用黄河泥沙。

1. 配水模式优化

引黄必引沙，黄河水流与泥沙具有不可分割性，灌区配置水资源的过程其实也是对泥沙的调配过程。原有的引水治沙模式只是简单地沉淀、清淤、堆积，大量的泥沙累积在沉沙池区和干渠两边，造成沿岸生态、人居环境较差，泥沙只是放错位置的资源，要变沙害为沙利，有意识地合理配置泥沙，对泥沙进行全面通盘的考虑，在整个灌区范围内进行水沙一体化配置。

灌区水沙一体化配置是实现泥沙资源化的关键技术，也是位山引黄灌区实现"新型生态"目标的重要支撑，通过对水情、沙情数据的长期跟踪观测，发掘规律，将水沙动力学模型与泥沙资源优化配置模型进行整合，以分析模拟不同流速、流量下的挟沙能力，建立水沙一体化配置数学模型，选择适合灌区的水沙一体化配置模式，实现泥沙远距离传输到田间地头、涝洼地区。

2. 涝洼地区淤填

位山引黄灌区地处黄河冲积平原，地势西南高、东北低，平均坡降约为1/7 500，海拔高度在27.5～49.0 m。根据这种地势，位山引黄灌区宜建设成为一首制自流灌区，工程坡降多为万分之一。但是工程沿线自然地貌的起伏并不受人为控制，位山引黄灌区干渠沿线部分地区是涝洼地，渠道和黄河河道一样成为地上悬河。

3. 工程建设回填

通过向工程及个人出售清淤泥沙，不仅可以解决弃土堆放问题，还有助于提升综合效益。位山引黄灌区通过树木更新、淤土出售、租赁等手段实现综合经营创收，有效地补充了运营经费。近年来，伴随着聊城市城镇化率的提升，高楼大厦鳞次栉比，基坑土方外运挤占了位山引黄灌区清淤弃土的市场，但是只要黄河不变清，位山引黄灌区泥沙产量就有保证，而且淤积的泥沙比之城镇化建设弃土量大且质量好（无建筑垃圾）。

按照城市发展规划要求，未来几年聊城市基建将高速发展，先后有青兰高速、郑济高铁、沿一三干渠建设大外环等重大项目，规划建设用地都在沉沙池和干渠周边，几项工程均需抬高路基，用土量巨大，在综合考虑经济效益的情况下，可以优先使用淤积泥沙。

4. 建筑材料制造

如今人们对美好生态环境的需求，推动了环保管理日趋严格，使违法无序乱挖河沙、掘土烧砖的现象得到了有效遏制，也影响到了建材原料泥沙的价格上涨，但是小浪底水库以下地区，泥多过沙子，沙子的粒径过细，不符合建筑用沙的标准，而传统的红砖烧制工艺能源浪费、环境污染严重，灌区沉沙池区曾经有一些砖窑，大部分因环保不达标而被关停。

依靠清淤泥沙研制建材包括三种形式：压制灰砖、烧制砖瓦、加工灰沙砖与掺气水泥。在黄河入海口的东营市，当地通过校企合作，利用黄河泥沙共同研制开发高强、隔热、隔音、环保的混凝土轻质骨料，不仅可以将黄河泥沙变害为宝，减少泥沙堆积的危害，还可以取代山石开采，保护区域生态环境。位山引黄灌区拥有全国乃至全世界最大的沉沙池区，泥沙资源丰富，可以与相关企业加强合作，拓展建筑材料制造业务，成立新型建材制造公司，壮大自身的综合经营实力。

5. 农田土壤改良

对堆积到一定高度的泥沙进行平整，配套沟、渠、路、桥、涵、闸、井、泵、房、电等基础设施，营造出田成方、林成网、旱能灌、涝能排的标准化农田布局，并通过土壤改良技术或直接覆盖适宜耕作的原状土，在经过修复的耕地上种植优质作物、经济林木。为使覆淤还耕后的高地逐步成为高产良田，可按照旱、涝、沙、碱、生态环境综合治理的原则，采用盖淤、堆肥等方法并引进推广应用高新施肥技术，降低土质的含盐量，优化土壤生态环境，促使土壤团粒结构的增长，改良土壤的物理性质，以达到保水、保肥、保温、提高单产的目的。

6. 节水技术推广

除继续采集农业基础数据外，还应结合灌区农业产业长期发展要求和农民实际灌溉用水中迫切要解决的问题，因地制宜地选择研究课题，开展灌溉实验，加强节水技术推广。

一是按供水条件、工程基础、行政区域、种植结构等总结并推广灌区适宜的灌溉制度。

二是探索实施再生水灌溉的可行性研究。近年来，随着聊城市经济社会的发展，第二、第三产业用水量激增，污水排放量也呈现增长趋势。平均每年排放的污水高达 1.5 亿 t，折算为 1.5 亿 m^3，达到聊城市全部引黄指标的 18.9%。研究表明，如果能够合理控制再生水灌溉水平，就可以有效阻控再生水灌溉带来的土壤重金属和致病菌含量超标问题，再生水灌溉是一种有效的水资源再利用方式。位山引黄灌区应该加强再生水灌溉技术的实验及推广应用。

三是识别适合灌区使用的田间耕作技术和节水设备设施，推广管灌、喷灌、滴灌、渗灌、微灌、膜上灌、波涌灌等适宜区域使用的、较为成熟的节水灌溉技术，并且推动各项技术集成使用。

四是加强节水宣传教育，利用新闻客户端、微信公众号、手机短信平台等多种方式进行节水宣传活动，丰富宣教载体，扩大宣传范围，在灌区形成宣传节水知识的浓厚氛围。

三、位山引黄灌区泥沙处理利用实践——沉沙池乡村旅游

位山引黄灌区是黄河下游面积最大的引黄灌区，它不仅承担着天津、河北两地引黄济津、引黄入卫的国家跨区域供水任务，还承担着聊城市 8 个县（市区）540 万亩土地的灌溉任务，向聊城市的工农业生产、城市景观用水、发电等提供优质水源，为聊城市的发展做出了巨大贡献。

位山引黄灌区在支援国家建设与造福人民群众的同时，也给灌区引入了数百万吨泥沙，现灌区东、西两个沉沙池占地面积 3.5 万亩，成为全国最大的沉沙池区。沉沙池大量的泥沙堆积，造成池区内生态环境极其恶劣，漫天都是扬起的黄沙，严重影响了群众的生产生活。许多村庄不得不随着弃土进行生态搬迁，目前西沉沙池区内有陈庄村、孙庄村与东、西太平村等 6 个行政村，东沉沙池区内仅留下王小楼新村这 1 个行政村。

2017 年，党的十九大报告提出了全面实施乡村振兴战略，指明了我国乡村发展的方向。2019 年 9 月，我国正式将黄河流域的生态保护和高质量发展上升为重大国家战略，并于 2021 年 10 月印发了《黄河流域生态保护和高质量发展规划纲要》，这一国家战略的正式实施为黄河流域的发展提出了新的要求，也为流域内沉沙池乡村的高质量发展提供了难得的机遇。

在两个重大国家战略的叠加下，本节将研究视角聚焦在黄河下游的乡村景观设计领域。位山引黄灌区沉沙池乡村拥有沙土、湿地、防护林等丰富的自然资源，同时这 7 个沉沙村落散落在面积巨大的沉沙池内，又保持着一定的神秘特色。沉沙池区为了摆脱贫困面貌需要发展乡村旅游，这些特色优势资源也为沉沙池区乡村旅游景观的建设提供了基础。然而，黄河高含沙量问题却阻碍了沉沙池区乡村的发展，沉沙池清淤出来的泥沙数量过大，逐渐向百姓的耕地侵袭，造成了土地沙化严重、百姓增收困难的局面。据调查，沉沙池区农作物产量只有区外的一半左右，生产水平远低于灌区的平均水平，不仅形成了新的贫困区，而且带来了严重的环境和社会问题。所以研究上述地区的乡村景观发展策略与设计方法具有重要的理论和现实意义。由于沉沙池区泥沙大量占压村庄耕地，生态环境遭到严重破坏，土地处于沙荒状态，百姓增收困难。大风肆虐时，将沉沙池区的乡村全部笼罩在风沙之中，严重影响了当地群众的生产生活。基于此，当地积极开展生态

治理和旅游开发，通过池区旅游综合开发等举措，逐步改善池区生态环境，完善村庄基础设施建设。

（一）以湿地保护为前提的景观营造

1. 利用植物修复环境

沉沙池区的水体部分被养殖场、炼钢厂排放的污水所污染，导致水资源中的重金属和氮、磷、钾等元素含量超标，水体富营养化。由挺水、浮叶、沉水、漂浮及湿生植物构成的植物群落可以净化沉沙池区的水体。有些水生植物在自身正常生存的条件下会分泌抑制其他水生植物生长的有机化合物，严重制约其他种类水生植物的生长，造成原始物种的衰减退化。因此在池区水生植物的选择上要以本土植物为主，搭配不同习性的植物。这是因为本土植物经历了几十、上百年的自然筛选，对当地自然环境的变化规律适应较好。植物修复手段需要在沉沙池区的生态环境中形成复合植物群落，因此在植物配置设计中需要综合考虑植物之间相生相克的关系。这种水生复合植物群落为动物和微生物提供了良好的栖息地和繁殖场所，可以确保生态系统在农村地区的长期稳定发展。

2. 构建水系生态廊道

水系生态廊道使物种得以生存和迁徙，既可维持生物多样性，又可防止水土流失，还具有过滤污染物的能力，是景观重要的组成部分。沉沙池区的村庄处于灌区水网密集的区域，池区内断裂的水系、沟渠与坑塘较多，受人为污染严重。为了实现水系生态廊道的循环流动，可将池区内小型池塘、沟渠与水系连通。将水系生态廊道与陆地生态廊道结合，可实现沉沙池区乡村生态景观的连续性发展。

（二）以弃土景观化利用为基础的地形营造

沉沙池每年清淤出来的弃土是困扰村庄的主要问题，这些弃土不断地增加，压占了农民的耕地，导致庄稼长势不好，百姓收入大幅度降低。在景观改造计划中，要将清淤弃土与该地区地形地貌的营造相结合，合理地堆积弃土并进行植物配置。这样不仅可以将令人困扰的弃土"变废为宝"，还能形成丰富的景观式地形地貌。

1. 发挥景观自然特征——提高景观价值

在营造沉沙池区地形时，有必要充分利用景观的自然特征。例如，可以适当堆高地形，发挥屏障作用抵御风沙，增加空间的围合感。这种微小的土坡可以当作景观设计或景观视觉焦点的背景，在设计时必须注意充分尊重原始地形的特征，避免过多的人工改造迹象。在处理微地形的边缘时，应该有起伏的变化，要反映出自然的特征。在微地形处理中，必须顺应空间肌理进行处理，要反映地形特征的连续性。

2. 应用抽象手法——创造景观空间

应用抽象的设计手法，将沉沙池区自然景观与人工景观和谐统一。在池区休憩安静的园林景观环境中，应尽量将地形设计为平缓微地形，从而在视觉上给人开阔流畅感；在热闹活力的地区，可以将瀑布、溪流等设计为起伏地形，以展示景观的灵活性与多变性，突出景观效果的丰富性。

（三）以林下经济为核心的产业发展策略

在水土流失相对严重，仍存在种植可行性的地区，种植耐盐碱的树木和草类，可在不影响附近湿地自然生态环境的基础上防止风沙，保护周围的农田基地。周边地区通过防护林改善灌区小气候的作用也将促进当地农业生产的共同发展。位山引黄灌区沉沙池四条支渠两侧种植防护林，主要林带沿支渠设计，为东西方向，每侧两排，株距 3 m，形成农田防护林网，农田林网总面积约为 2.67 hm²，种植杨树约 6 000 棵。当地政府以补贴等方式，不断鼓励村民种植农作物、果树等并对其进行进一步的养护处理。

应充分利用速生杨、白蜡、国槐等本地物种形成抵御风沙的防护林体系，并优先选择适应当地环境的观赏植物和经济作物进行林下大规模种植，快速形成防风固沙复合生态系统，改善沉沙池区的生态环境，创造良好的景观效果。林业发展和生态友好型经济息息相关，生态模式使农业、林业和畜牧业能够实现资源共享，协调发展。

①林下种植模式。林下种植模式实际上是指利用防护林下层空间，种植具有观赏效果的低矮花灌木为游客提供优美游览环境的一种生态养殖模式，具有经济效益的粮食作物与药用植物可以提高村民的经济收入。

②林下养殖模式。林下养殖模式实际上是指利用防护林下层空间进行动物养殖的一种生态养殖模式，包括林禽模式、林畜模式和林渔模式等。

（四）以民俗展示为导向的乡村建筑改造

1.尊重自然与因地制宜

沉沙池区的乡村与当地自然环境相辅相成，由于其独特的地理位置，农田防护林成为当地村庄的保护屏障，最大限度地抵挡了风沙侵袭。做乡村旅游景观设计时要尊重自然规律，顺应自然肌理，不能过度开发。对于当地本土建筑，要因地制宜地选择乡土材料，例如使用由当地泥沙制成的砖，使用木结构建筑等。为了减少风沙的影响，可以使用传统建筑中的平顶式屋顶，减少阻力与风沙堆积。要保护本土的建筑民居文化，对建筑进行微改造，不破坏整体风格。为了展示当地的民俗文化，还应对当地建筑、传统手工艺等制定保护政策。

2.利用地域文化符号

位山引黄灌区沉沙池区的乡村地域文化丰富，有传统文化习俗与传统手工技艺，可以将这些代表当地文化的年画、剪纸等元素提炼应用于建筑外墙、门窗装饰中，将带有黄河文化、水利文化的水车等雕塑应用于景观节点之中。这些传统建筑中的雕花门窗、石鼓、石狮等元素，都是有别于城市的建筑特色。为了向游客展示当地的生活方式与文化习俗，可将建筑改造为供游客参与体验的民俗文化体验馆、展览馆等，展示沉沙池区乡村的农业生产工具、农民制作的手工艺产品等，展现当地原生态的风土人情。

第七章　引黄灌区水沙资源优化的策略

大量黄河泥沙的淤积极大地威胁了引黄灌区灌排工程的运行与管理，同时加剧了引黄灌区区域生态环境的恶化，因此引黄灌区面临的主要矛盾仍然是黄河的泥沙问题。因此，研究引黄灌区水沙资源优化的策略显得尤为重要。本章分为引黄灌区水沙资源调控的理论与模式、引黄灌区水沙资源配置的技术分析、引黄灌区水沙资源配置的发展方向、引黄灌区生态水资源保护的措施四部分，主要包括引黄灌区水沙资源调控理论、引黄灌区水沙资源调控模式、水沙资源优化配置理论、引黄灌区水沙资源优化配置机理、合理统筹引水调度、合理利用水资源等内容。

第一节　引黄灌区水沙资源调控的理论与模式

一、引黄灌区水沙资源调控理论

（一）市场失灵与政府失灵理论

有人将市场失灵定义为市场功能发挥的一种不理想状态，也就是市场不能起到应起的作用，或市场没有达到人们预期目的的状态。市场具有自发性、盲目性和滞后性，如果不对市场进行干预，就会显失公平，从而造成垄断、信息不充分等现象，影响经济的高效发展。因此，需要对市场进行适度的干预，而对于干预的"度"，需要利用经济法来进行把握，经济法对于市场的干预不是无限制的，经济法能干预的范围仅限于消除市场失灵所带来的影响，如不正当竞争、垄断等。经济法的功能旨在保障和规范国家对市场的干预，从而合理地消除市场失灵带来的影响，使市场重新焕发活力，最终促进社会整体利益的提升。

与之相对应的是政府失灵，如果说市场失灵是一个极端的话，那么政府失灵就是极端的另一头，其出现的原因是政府本身的局限性，如在干预的过程中，信息滞后、干预手段不当等造成各种社会问题出现，不可避免地导致经济效率下降。政府失灵的典型案例是凯恩斯主义。世界经济危机结束后，凯恩斯认为自由放任经济主义是造成此次危机的罪魁祸首，于是他提出要加强国家对经济的干预，采取赤字财政政策通过国家投资来促进就业消费，拉动经济增长，这在一定程度上缓解了危机带来的影响，但后期却因国家干预的过度而造成了巨额的财政赤字、经济增长停滞等问题，政府失灵是西方国家在 20 世纪 70 年代出现"滞涨"现象的主要原因之一。在此背景下，相关学者对政府和市场进行了重新思考，开始意识到政府失灵和市场失灵都会影响经济的发展。

私法的缺陷产生市场失灵，如果完全任由市场去调整，那么必然会造成水沙资源的唯利性，且水沙资源具有公共属性，因此会不利于经济的发展和社会的公平；公法的缺陷产生政府失灵，如果政府过度干预，会导致国家干预的效益不高，同时难以保证市场经济自由。经济法就是要对市场和政府进行宏观调控，从而避免市场失灵和政府失灵。

（二）宏观调控理论

宏观调控指的是国家的宏观管理机关或机构为实现宏观调控目标，在制定国家发展战略和政策的基础上，应用宏观调控工具对国民经济和社会发展活动进行调节与控制活动的总称。

随着我国经济体制改革的不断推进，宏观调控作为一项重要的国家经济职能，已经被公众广泛接受和认可。国家在市场无法靠价值规律解决问题时，可以干预经济从而使市场重新回到正确的运行道路上来，由此产生了国家对经济干预、调节的职能，这是改革的重要成果。

水是无法替代的，它既是一种宝贵的资源又是自然环境的重要组成部分，具有双重属性。因此，水沙资源的调控应该尽可能体现公平，因为人人平等，所以对于重要的自然资源都享有权利。要尽可能地提高水沙资源的利用率，使其价值能被充分利用。

因此，宏观调控可以在实现经济稳定增长的同时，实现水资源的可持续利用。由此推知，水沙资源调控能够最大限度地使水沙资源得到合理的运用，不再以牺牲环境来换取经济，符合当今时代的发展要求，可以为经济与社会的稳定运行发挥相应的作用。

（三）协同流域治理理论

协同是指复杂系统中各子系统之间通过相互作用产生的协调、同步与合作现象，从而使各子系统实现空间上、时间上或功能上的有序化发展的过程。

协同流域治理理论认为，若系统内部相互冲突、互不配合，则会致使整个系统发展受阻，呈现出"木桶短板"效应。因此一个好的系统，必定是与外部环境的物质、信息和能量交流融合且各子系统内部之间目标一致、相互配合的，这样系统才能持续稳健运行，才可能产生事半功倍的协同效应。这种效应不仅存在于系统内部，在系统与系统之间也存在，如水沙资源管理机构的职能部门相互协同可以提高效率，不同区域的水沙资源管理机构也可以协调运行，达到跨区域协同发展。

协同流域治理理论是具有普适性的。将协同流域治理理论引入法律领域，必将对水资源调控中的法律问题解决具有启迪意义。法律意义上的"协同"所强调的是不同行政或司法主体之间的相互协作和相互配合，为了促进社会和经济的发展，各主体能够充分发挥彼此的能力，这符合和谐司法的内在要求。将其放在水沙资源调控中也是具有现实意义的，流域治理一直是水环境治理中绕不开的重难点。由流域环境问题所引发的纠纷，可能会同时跨越分别处于上、中、下游的城市，涉及多个行政和司法部门，若依行政区划来单一对流域进行行政和司法管辖，很容易造成流域整体性的割裂，从而破坏生态系统的完整性。不同的区域之间的交流与协作，其内在的差异性、特殊性、冲突性需要司法协同理论来调控，从而实现良性的发展，达到对水沙资源科学高效的利用。

二、引黄灌区水沙资源调控模式

（一）沉沙输水模式

由于引黄灌溉引水含沙量较大，引黄灌区往往采用先沉沙后输水的方式，将引进的含沙水流首先引入在渠首设置的沉沙池，使大部分泥沙（较粗颗粒）在渠首沉沙池集中淤沉，将淤沉后含沙量较小且含沙粒径较小的水流向下游输送，既能保证各级渠道的输水效率，又能防止粗沙入田。这种先在渠首地区集中沉沙再高效输水输沙的模式就是沉沙输水模式，是黄河下游引黄灌区建设阶段的主要模式。该模式泥沙处理方式为渠首集中沉沙"点"式处理；灌溉方式在渠首或上游地区基本为自流灌溉，中下游地区则根据灌区条件和供水需求而采取不同灌溉方式。

沉沙输水模式通常借助黄河水头较高的优势，以引水口下游紧邻沉沙池或较短距离输沙渠连接沉沙池为渠道系统的标志，工程布设特点为取水口—沉沙池—输水渠系（自流或提水）或取水口—输沙渠—沉沙池—干渠（自流或提水）。沉沙池采取以挖待沉或轮换沉沙的运行方式，清淤堆沙通常需要进行再处理。采用沉沙输水模式的典型灌区为位山引黄灌区和簸箕李引黄灌区。

（二）输水沉沙模式

当渠首没有合适的沉沙位置，为了减少入渠泥沙中对农田有害的粗沙，可利用灌区偏向下游地区的低洼地设置沉沙池。引水在入沉沙池之前应减少分水灌溉量，这样做一是保证有足够的水流输送泥沙入沉沙池，二是减少粗颗粒泥沙入田。然后，经过沉沙池淤沉大部分粗颗粒泥沙后的水流便可进行分水输水灌溉。这种经集中输水输沙—沉沙—输水灌溉处理的水流泥沙分配模式就是输水沉沙模式。该模式将泥沙主要分布于渠尾小部分沉沙区域及输水渠道沿线，泥沙在灌区内以"点"式和"线"式处理；在灌溉方式上则根据灌区实际特点，既可以采取自流灌溉的方式，也可以采取提水灌溉的方式。输水沉沙模式以渠首引水口下游连接长渠段输水输沙渠，沉沙池置于灌区中下游处为标志。工程布设特点：取水口—长渠段输水输沙渠—扬水站—沉沙池。为保证沉沙池的沉沙库容，沉沙池通常需要清淤。采用输水沉沙模式的典型灌区为潘庄引黄灌区、小开河引黄灌区等。

（三）分水滞沙模式

大型灌区引入泥沙相对较多，要求有相对较大的沉沙区域，同时多口分水分沙不易操作，因此，采取分水滞沙模式的灌区通常灌溉规模不宜太大。对于自流灌溉，通常要求支渠具有较大渠道纵比降，便于分流；对于提水灌溉，则要求灌区有较高的调控管理水平。该模式将泥沙分散处理，避免了集中淤沙带来的诸多问题，是今后灌区处理泥沙的发展方向之一。为了使泥沙能够分散进入各支渠，既要注意提高支渠的分水分沙能力，又要考虑支渠分水势必影响干渠泥沙输送，引起干渠淤积。

提高支渠分水分沙能力的同时不增加干渠淤积是分水滞沙模式的关键技术。自流灌溉渠道两侧支渠引水口多为涵闸式引水，引水口底板略高于干渠渠底。为了提高支渠分水分沙能力，应按设计流量尽可能大流量引水，加快支渠水流流速，增强挟沙能力，让更多的泥沙进入田间；提水灌溉一般用泵站和抽水机械取水，既可提取底部含沙量相对较高的水流，使得进入支渠的泥沙较多、较粗，又可加大干渠水面的纵比降，增加干渠的输沙能力，减少分水带来的淤积。此外，提水灌溉易于控制水流，减少水资源浪费，提高水资源的利用效率。

分水分沙模式既希望尽可能多的泥沙能够分散入支渠或沉沙池，又希望减小输水输沙干渠的淤积。调控目标是干渠分沙能力调控。

（四）输水输沙模式

黄河下游不少引黄灌区充分利用地形坡降较陡的有利条件，不设沉沙池沉沙，将引入的泥沙沿输沙渠或干渠、支渠依次输送至田间，进行浑水灌溉，这就是输水输沙模式。在采用该种模式时，灌区主干渠道允许小部分淤沙，但需保持一定时间段内冲淤平衡；支渠以下地区粗沙淤沙零散分布，或粗细泥沙均输送入田，也就是粗颗粒泥沙在灌区内是以"面"式处理的。

输水输沙模式以灌区不设沉沙池或无固定的沉沙部位为标志，工程布设特点：取水口—输水输沙渠—干渠—支渠。采用输水输沙模式的典型灌区有人民胜利渠灌区等。

第二节 引黄灌区水沙资源配置的技术分析

一、水沙资源优化配置理论

在生态经济系统之中，水沙资源是必不可少的一个重要组成部分。但目前该系统依旧面临许多矛盾，归根究底，是供需双方的矛盾。为有效解决这个矛盾，需考虑以下两个方面：第一，开源节流，致力于创建节水型社会；第二，优化资源配置，对所有水沙资源进行统一管理和规划部署，有效提高水沙资源利用率。值得注意的是，水沙资源优化配置其实就是在相应的区域或者流域之中，将可持续发展作为基本原则，凭借各类有效措施，对包括水沙资源在内的各项资源进行整合，在所有用水部门及不同区域内做出合理分配，以此来推动经济、社会及环境三者的共同发展。

（一）配置原则

水沙资源优化配置应遵守以下原则。

①必须维护生态经济系统的协调发展，应当从宏观及微观两个方面入手，从水沙资源的空间、质量和时间方面着手，对与水沙资源有关的各项资源进行优化配置，在推动经济、环境及社会共同发展的过程中获得最大化综合效益。

②在促进经济发展的过程中，必须高度重视用水量，应始终维持在可承受范围里，不超出生态资源的更新水平，通过这种方式来实现可持续利用的重要目标。

③确保所在区域经济、自然、环境及社会这四个方面的协同发展。对于人类社会来说，发展是始终在追求的东西，但若仅注重经济发展，面临的可能是日益严峻的生态环境形势。对当今社会来说，最优发展模式其实是多方面协调发展，并且确保水沙资源利用在合理范围内。

④在水患防治及水沙资源利用方面，必须最大限度地降低各类生活或生产垃圾的排放，不仅要确保不超出环境承受范围，同时还要维护水域功能并维持水资源清洁。

⑤在对水沙资源进行优化配置的过程中，还需和所在区域的自然条件、发展现状相匹配，要结合当地实际情况及未来发展布局，有计划、分阶段地进行配置。

⑥开源和节流应有机结合。要想实现水沙资源永续利用的目标，就要尽快创建节水型社会，提倡日常生产与生活节约用水，这是未来的发展方向。只有在这两项措施有机结合的情况下，才能有效提高可持续发展的能力，为实现水沙资源永续利用提供保障。

（二）配置方式

水沙资源是一把双刃剑，不仅能够对生态环境造成有利影响，推动社会与经济快速发展，也能够对生态环境造成负面影响，进而阻碍经济发展。下面将通过对水沙资源配置方式的发展过程进行分析，明确水沙资源和生态经济系统两者间的相关性。

1. 自发型资源配置

人类社会初期，所有资源都通过自然进行分配，人类毫无主动权，日常生活必须依赖大自然的回馈，从生活资料方面来说，最初只是被动摄取，之后才开始按照自身意愿有选择性地摄取，如此便形成了自发型资源配置，称不上资源配置。

2. 发展型资源配置

进入农业社会之后，在自然资源方面，人类开始具备相应的配置及认知能力，逐渐意识到水沙资源的重要性，并通过各种方式利用水沙资源，主要体现在开发各项水利灌溉工程，促进农业发展。尽管此时人类并未深层次地认识自然界，但科技的快速发展有效提高了资源配置的效率。

3. 增长型资源配置

自工业革命爆发以来，水沙资源配置方式也有所改变，具有增长型的特征。为确保人口、工业化及经济等方面的需求得到充分满足，必须不断强化资源配置。因为资源产权制度存在一定差异，增长型资源配置尽管有利于促进经济增长，但加重了环境与资源的负担，造成了全球性生态破坏，甚至对可持续发展造成了影响。

4. 协调型资源配置

由于增长型资源配置将会带来严重后果，所以需要探讨可以促使社会、经济及环境共同发展的方式，由此便形成了协调型资源配置。最基本的特征是对确保社会与经济发展需求得到满足的资源进行优化配置，同时还应与资源、环境两者保持协调统一的关系，为可持续发展提供保障。由此可见，在实现可持续发展的过程中，协调型资源配置是一个最优方式。

二、引黄灌区水沙资源优化配置机理

（一）水沙资源优化配置的原则与指标

在可持续发展过程中，资源配置是一项基础问题。它所强调的是各项生态资源必须在区域、时间及所处阶层存在差异的受益者中予以科学分配。水沙资源的优化配置，不仅应符合所处时代的发展需求，而且也应充分考量可持续发展问题；不仅应高度重视发达区域的实际发展需求，而且也应注意在发达地区快速发展的过程中不可以占用发展缓慢区域的各项自然资源，要保证资源的平均分配。由此可见，在可持续发展理念的背景下，水沙资源优化配置是一个多目标优化问题。水沙资源优化配置的原则包括下述几项。

①所在地区环境、经济及社会协调发展的原则。为对所在地区环境、经济和社会的协调发展水平进行评估，一般在对水沙资源进行优化配置的过程中必须制定与之对应的环境、经济和社会三个方面的目标，从而用于评估各个目标相互间的协调发展水平及竞争水平。

②短期和长期协调发展的原则。在对水沙资源优化配置方案进行分析的过程

中，应充分考量其对环境、经济、社会这三个方面所造成的差异化影响，并通过分期考察的方式明确其对地区发展造成的影响。

③各个地区协调发展的原则。在设置水沙资源优化配置目标的过程中还需充分衡量地区结构这个因素，明确各个地区在环境、经济、社会这三个方面发展水平的差异。同时应结合地区情况制定目标函数，以此来明确每个配置方案对每个地区所造成的差异化影响。

就水沙资源优化配置方面来看，当运用的开发策略有所不同时，极有可能会造成相同区域城乡收入指标有所不同。对于一个地区来说，经济的快速稳定发展是实现可持续发展的根本前提。在选择经济发展指标的过程中，运用最广泛的便是水沙资源利用净效益或者国内生产总值（GDP）。在促进经济发展的过程中，切不可忽视环境保护。对于水沙资源优化配置决策来说，在针对区域发展设置环境目标的过程中，主要考虑的是化学需氧量（COD）及生化需氧量（BOD）这两项指标。对于区域可持续发展来说，粮食人均占有量也是一个重要的指标，能够解释当地农业生产布局、生产规模、水资源利用率。而在社会发展过程中，人均收入也是必不可少的指标，能够体现项目实际收益情况。上述四项指标均为基本指标，实际研究过程中可结合问题进行选择。

（二）优化配置中的平衡关系

在对水沙资源进行优化配置的过程中，所制定的目标是区域可持续发展，因此应确保平衡关系，如此才可说明优化配置方案行之有效。

1. 水资源量的需求与供给平衡

经研究发现，供水与需水两者都具有动态性特征，因此只能维持供需的动态平衡。对需水造成影响的核心因素包括经济结构、经济总量、部门用水效率。对供水造成影响的核心因素包括调度策略、工程能力。在供水与需水都是变量的情况下，应尽可能在相应时间、相应水平内维持平衡。

2. 水环境的污染与治理平衡

和水资源供需情况相同，水沙资源的治理及污染同样处于不断变化之中，所以两者也同样处于动态平衡状态。对水沙资源进行分析发现，污染物基本源自下述两方面：第一，当地排放；第二，随流而下。其中，前者的种类、总量与所在地区的经济结果、GDP、各部门产值排放率息息相关。就水沙资源治理来说，对其造成影响的核心因素包括污水厂处理能力、经处理的污水回用率、污水处理率、污水处理级别。从治理和污染两个方面来看，动态平衡应涵盖下述基本内容：一是回用量、处理量和污水排放量三者的平衡；二是自然降解总量、去除总量和不同污染物排放总量三者的平衡。

　　一般来说，以上两个平衡相辅相成。对于所有水体而言，若是未达到相应的质，便无法达到相应的量，因为污染造成水质降低，则极有可能导致有效水资源量大幅降低，当然，经处理后符合回用标准的水也有利于提高有效供水量。所以在对水质和水量两者间的平衡进行探讨时，必须明确两者的相互影响及相互转换。

3.水投资的来源与分配

　　水投资主要指一部分运行管理费用及建设资金，其中涵盖水沙资源开发利用、节税及水沙资源治理等方面的费用。水投资主要源自两方面：一是国民经济各个部门的投资分配情况；二是总投资额的规模。水投资使用也包括两方面：一是开发利用；二是保护治理。对于水沙资源来说，来源和分配两者间的平衡主要是凭借水沙资源治理与污染之间的平衡、水量供需平衡两个方面达成的。对水沙资源来说，不论是开发利用，还是保护治理，都属于不可或缺的社会基础产业，存在明显的投资大、周期长的特征，因此水沙资源优化策略得以全面贯彻落实在很大程度上是因为水投资来源和分配两者间维持着动态平衡关系。

三、引黄灌区水沙资源配置技术

（一）灌区减沙技术

　　灌区引沙量取决于引水量和引水含沙量，减少引水量和控制引水含沙量都将减少灌区引沙量。前者可通过大力推行节水灌溉技术来实现，后者则主要通过拦沙措施和避开沙峰引水等来实现。

　　在引黄过程中，应结合黄河水沙情报和灌区用水，选择有利时机，灵活调度闸门运行，做到既最大限度地满足灌区需水，又尽可能地减少引沙量。资料分析表明，灌区引水流量变化幅度相差仅为几倍，而含沙量相差则高达数十倍，水沙变化幅度相差一个数量级。例如，簸箕李引黄灌区引水流量变化幅度相差 6.5 倍，而含沙量相差可达 35 倍，且沉沙条渠大含沙量的淤积率为小含沙量的数倍，甚至数十倍。因此，控制灌区大含沙量引水，特别是非汛期大含沙量粗沙引水是灌区引沙减少和渠道减淤的关键，遇到黄河大含沙量时段应禁止开闸引水。例如，山东簸箕李引黄灌区闸前调度方案要求，在非汛期引水含沙量不超过 12～15

kg/m³，汛期引水含沙量不超过 25 ～ 30 kg/m³。又如，河南省人民胜利渠灌区根据黄河季节来沙特点和季节降雨特点采用井渠结合避开汛期大含沙量引水，可大量减少引沙量。

（二）有害泥沙拦沉技术

1.有害泥沙

黄河下游引黄灌区内存在的主要问题是泥沙淤积，特别是粗颗粒泥沙淤积。在引黄灌区现有的条件下，并不是所有的泥沙都能被输送到支、斗、农渠及田间，而是有一定数量的粗颗粒泥沙淤积在灌区的骨干渠道，影响灌溉效益的正常发挥，这部分粗颗粒泥沙通常被称为灌区有害泥沙。根据引黄灌区引沙与沉沙池淤积泥沙资料，初步约定粒径大于 0.05 mm 的粗颗粒泥沙为有害泥沙，需要采用沉沙池拦截处理。根据黄河下游来沙级配可知，大于 0.05 mm 的粗颗粒泥沙约占 22%，即约有 22% 的粗颗粒泥沙需要采用沉沙池处理，其中这个比例在河南稍大一点，在山东略小一些。

2.有害泥沙的拦截措施

在引水引沙的配置过程中，根据供水对象的特点，有时需要对引沙量及其组成进行较严格的控制，即所谓的引水防沙技术，主要包括取水口位置选择、布置形式、工程拦沙措施（拦沙闸、导流工程、拦沙潜堰、叠梁、橡胶坝等）。游荡性河段和弯曲性河段的演变特性存在本质的区别，游荡性河段主流游荡摆动频繁，弯曲性河段的河道比较稳定，导致两种类型的河段的引沙特性也不一样，对应的取水防沙措施也有差异。

3.有害泥沙的沉沙技术

沉沙池是处理灌区有害泥沙的重要工程措施。自 20 世纪 50 年代兴建河南人民胜利渠灌区和山东打渔张引黄灌区开始，我国学者就对利用天然洼地兴建沉沙池的形式、规划布置、水沙运行规律及拦沙效果等进行了比较全面的研究。常见的沉沙池包括湖泊式沉沙池、带形条渠沉沙池、梭形条渠沉沙池 3 种形式。理论表明，在 3 种形式的沉沙池中，梭形条渠沉沙池是最好的，带形条渠沉沙池次之，湖泊式沉沙池较差。

为提高沉沙池的沉沙效率、合理利用沉沙池的容积及有效处理有害泥沙，在沉沙池出口进行水沙调控是非常有必要的。一般情况下，可在沉沙池出口修建节制闸或橡胶坝，通过调高或降低节制闸叠梁或橡胶坝的高程来改变沉沙池的水流流态，使沉沙池泥沙的淤积比增大或减小，调整沉沙池泥沙淤积的沿程分布。当来水含沙量大或颗粒粗时，抬高沉沙池出口水位，沉沙池水流流速减小，泥沙淤积增加；当来水含沙量小或颗粒细时，降低沉沙池出口水位，沉沙池内水流流速增加，泥沙淤积减少。

第三节　引黄灌区水沙资源配置的发展方向

一、合理统筹引水调度

黄河下游引黄灌区的引水引沙量，一方面受黄河干流水沙变化的影响，另一方面与灌区时段需水量密切相关，随引水季节的不同变化较大。引水引沙年内分配的不同步性：夏秋灌引水比例虽然不大，但夏秋灌引沙量却相对较大，春灌和冬灌引水比例较大，引沙量相对小一些。造成这种现象的主要原因是，灌区引沙量取决于引水量的大小和黄河来水来沙的搭配关系，在相同引水量的情况下，引水含沙量越高，引沙量越大，由于夏秋灌期间为黄河汛期，黄河来水的含沙量远高于非汛期，所以，夏秋灌引水量虽然不大，引沙量却几乎占全年引沙量的50%。

引黄泥沙的粒级配也随着引水季节的变化和黄河来水来沙的不同发生很大的变化。对引黄泥沙的月平均级配和同期黄河多年来沙平均级配进行对比分析后得到：汛前（4—6月）引黄泥沙粒径比黄河来沙偏粗，且6月引黄泥沙偏粗的程度比4月和5月大；汛期（7—10月）引黄泥沙的粒径比黄河泥沙偏细，且7—8月引黄泥沙偏细的程度要比9—10月大；11月至翌年3月引黄泥沙的粗细和黄河泥沙相差不多，其相对关系随引水比例的变化而变化。

合理的灌区引水调度方式应综合考虑黄河的水沙条件、灌区的需水状况和渠道的输水输沙能力。由于渠道设计时的不冲不淤流速与含沙量和泥沙沉速之间存在密切的相关关系，要保持输水渠道不淤或少淤，引水流量不应小于设计流量的3/4。为了尽可能达到这个指标，运行中就要根据渠道引水情况和各干渠设计引水能力，合理地调配分水量，并根据引水情况变化，适时改变轮灌组合，使分流后下级渠道流量不致太小。在实行浑水灌溉的灌区，没有沉沙池入渠泥沙这个环节，避开沙峰引水、减少入黄泥沙是一条重要的运用原则。避开沙峰引水的含沙量指标：根据实际运行经验，在条件允许的前提下，汛期引水含沙量不超过 $25\ kg/m^3$，非汛期引水含沙量一般不超过 $15\ kg/m^3$。

二、泥沙的长距离输送

多年来，在泥沙长距离输送的大量研究和实践中，人们对泥沙长距离输送目标和技术的认识不断完善和深化，泥沙长距离输送已成为引黄灌区实现水沙资源优化配置的关键技术之一。

黄河下游河南省灌区渠系纵比降为 1/4 000 ～ 1/6 000，有利于采取浑水灌溉入田，且具有节水和水沙配置潜力；山东省灌区渠系纵比降小，仅为 1/5 000 ～ 1/10 000，单纯地靠水流自然动力输送泥沙已有困难，要实现泥沙长距离输送入田就要发挥人为的能动作用，设法增加其他输沙动力，如利用提水泵站设施，并通过水沙优化调度运行，千方百计地加大渠道的纵比降。小开河引黄灌区通过调整干渠纵比降、优化输沙渠断面形态、加大引水流量、进行渠道衬砌等综合措施和方法，使输沙渠不淤或少淤。

三、支、斗渠的泥沙输送

引黄灌区大多重视干渠的治理，注重提高干渠的输沙能力，使更多的泥沙进入支、斗渠。因此，支、斗渠的泥沙输送显得日益重要，成为浑水灌溉、输沙入田的关键问题之一。

部分引黄灌区支渠引水还存在一次灌溉时间较长、支渠过流量较小等缺点，容易造成渠道的严重淤积，因此需要加强管理，尽可能缩短引水灌溉时间，实现高水位、大流量集中灌溉，以增加支、斗渠的过水流量和输沙能力，使更多的泥沙进入田间。

支渠的渠底宽度一般在 1 ～ 3 m 范围内，斗渠更小。因此，选择合理的边坡形式较为重要。当底宽比较小时，边坡系数为 1.0 ～ 1.5 时，渠道水流具有较大的挟沙能力。

支、斗渠的建筑物一般都有不同程度的损坏，遭受损坏的建筑物和渠道会影响过水能力，延长灌溉时间，加重支、斗渠的泥沙淤积，因此，需及时修复损坏的建筑物，提高支、斗渠的输沙能力。

第四节　引黄灌区生态水资源保护的措施

一、合理利用水资源

（一）水资源管理信息化、科学化、现代化

要加快智慧水利建设，提高灌区水资源监管信息化水平。改变思维方式，打破传统的管理理念，将现代数字信息技术及决策新机制应用到水资源管理上来，通过先进的信息化技术手段获得水资源活动特征和发展变化的信息，替代原先的物理监测和人工分析评价，可以减少投入，提高准确度，使水资源管理更为科学化、合理化。学者许波刘等人按照决策支持系统对数据库的要求，将数据库进行分类，满足了不同类型的用户对数据库的访问与操作要求，其技术成果可为引黄灌区水资源监控数字化建设提供技术支持。

（二）大力推广节水灌溉技术

黄河流域农业用水需求量大，但人们节水意识淡薄、灌溉方式落后，造成引水输水过程中水资源的浪费。应积极宣传，提高群众节水意识，引导群众利用井渠结合灌溉等新型灌溉方式。井渠结合灌溉可以减少地表用水，增加地下水埋深，减少蒸发损失，控制土壤盐碱化等。应大力推广灌区喷灌、滴灌、低压管灌溉等先进的节水技术，充分吸取我国西部地区节水灌溉的经验，形成引黄灌区的高效农业节水体系，提高灌溉效率。

（三）合理利用非常规水资源

要用好用活黄河水，积极开发利用中水和地下咸水等非常规水资源，做到一水多用、多水联供和循环利用，以缓解工农业生产与保护区生态用水的矛盾。咸水等非常规水灌溉在我国新疆、内蒙古等地得到广泛的研究与应用，事实证明在农业生产方面，非常规水资源对作物长势、产量、果实品质等具有一定的促进作用。因此，可将灌区内微咸水等非常规水资源作为淡水资源开发利用，通过冰晶融冻等技术使之达到农业灌溉用水标准，以缓解地区水资源危机。

（四）加强社会环境的呼应关系

要多举措加大社会公众参与灌区水资源监督管理的力度，提高人民群众的节水护水意识。要以水定需，提高生产生活用水效率，抑制不合理用水需求，落实用水总量控制和定额管理，完善水资源有偿使用制度。要深化水资源税改革，推进农业水、生活用水和工业用水水价综合改革，健全农业水价形成机制、精准补贴机制。要抓好企业用水排水规范意识，提高水质标准，防治水污染，保护水环境。

（五）实施水资源精细调度

灌区精细调度水资源必须综合考虑时间和空间的变化，最大限度地精确配置好水资源。精细调度的重点是农业需水量的精确预测，因此灌区要强化对土壤墒情、蒸（散）发和作物生长期有效降雨的科学监测，分析不同作物及其不同生长阶段的需水规律，确定灌区最佳灌溉时机、灌溉水量和灌溉过程。例如，每年春灌期间，在山东省滨州市水利部门统一调度下，根据区域内作物种植类别及墒情、农情，市属各引黄灌区实行自西向东或自东向西依次递向供水灌溉，通过大流量、短时间集中供水，最大限度确保轮灌区域用水需求；轮灌期间，各县区按照先远后近兼顾上下游、主攻偏远难的原则，做好水量调配，确保应灌尽灌、灌溉充分。同时，应根据黄河水情实施错峰引水，做好灌区的冬季引水工作，力保冬灌，提升底墒；充分利用黄河水情"时间差"，确保沿线水库冬蓄春用、丰蓄枯用。滨州市通过强有力的调水管控措施，在全域内推行轮灌及错峰引水制度，实现了水资源的科学调配，保证了区域内用水均衡、充分，最大限度发挥出了水资源的综合效益。

（六）严格水资源的刚性约束

严格灌区水资源管理，贯彻以水定地、以水定产原则，抑制不合理用水需求，禁止过度开发水资源，根据分配的水资源总量进行生产。按照总量控制、计划管理、分级负责的原则，规范引水程序、统一调度水资源，逐步实现水生态、水资源与社会发展相协调。严格制度刚性约束，严守用水总量、用水效率和水功能区限制纳污"三条红线"，加强计划用水和定额管理，严格水资源论证和取水许可审批，逐步淘汰高耗水行业，深层次降低水损耗，提升水资源利用率。实施最严格水资源管理制度，深入推进节水型社会建设，保护水生态和水环境，保障灌区水资源的可持续利用。

（七）依托河长制湖长制，多部门协同治理

通过河长制湖长制，黄河管理部门与地方政府等多部门联合治理，通过专项行动集中解决灌区内的"四乱"（乱占、乱采、乱堆、乱建）问题，营造良好的黄河、东平湖等河湖生态空间，优化灌区水资源配置格局。制定规划水资源论证管理办法，严格落实用水总量和取水许可限批，促进实现水资源动态监管。加强流域内取用水户监督检查，及时发现并处置违规取用水行为，维护良好的水资源管理与调度秩序。

二、完善水资源调控法治

水是人类生活和生产的必需品，水资源调控事关国家整体经济布局及国计民生，水资源法律体系的建设不仅要实现实体正义也要实现程序正义，这样才能促进水资源的优化配置，实现社会公平与秩序。但是，我国在灌区水资源调控方面的相关法律制度尚不完善，因此，完善我国的水资源法律体系是很有必要的。

（一）水资源调控立法完善

1. 完善水资源法律体系

我国水资源法律体系以《中华人民共和国宪法》为基础，以《中华人民共和国水法》（以下简称《水法》）为基本法，还包括一系列关于水资源的专门法律和法规，如《中华人民共和国水污染防治法》（以下简称《水污染防治法》）《中华人民共和国水污染防治法实施细则》等。

经过对这些法律法规的研究可以发现，我国的一些法律规定有些过于抽象、概括性太强，一些法律条款在使用时会出现困惑，导致难以落实，在这一点上对比美、澳、日等发达国家，我国水资源法律体系的建设还不够精细化。同时，地方立法停留在对国家相关立法内容的简单重复水平上，没有具体解决方案，"立法惰性"现象明显，往往为了不与上位法律责任条款相抵触，采取简单的模仿和重复，没有具体问题具体分析，没有突出地方特色。

首先，应构筑"自上而下"的水资源法律体系，以《水法》为基本法提纲挈领，用一些专项法来不断辅助《水法》从而形成完备的水资源法律体系，如用《中华人民共和国防洪法》来完善洪水时期对于水资源的处理方式、用《水污染防治法》来完善水资源保护的问题，同时打破一些原则性规定，完善一些程序性规定，明确适用范围，使得灌区水资源保护真正实现"有法可依"。

其次，地方立法是对国家立法的延展和细化，它是最能体现当地水资源建设现状的法律，其作用十分重要，将直接决定上位法的立法初衷和目的能不能落实。2015年，《中华人民共和国立法法》（以下简称《立法法》）第72条第2款规定：设区的市的人民代表大会及其常务委员会根据本市的具体情况和实际需要，在不同宪法、法律、行政法规和本省、自治区的地方性法规相抵触的前提下，可以对城乡建设与管理、环境保护、历史文化保护等方面的事项制定地方性法规。这一举措体现了国家希望地方政府能够具体问题具体分析，制定地方性法规反映地方特色。

对于完善地方立法体现地方特色，一是要减少重复规定。为了使国家法律的立法宗旨能够在地方上顺利落实，地方应该充分利用《立法法》赋予的制定地方性法规的权利，减少对上位法的简单重复，制定更具实操性和针对性的地方性法规。二是增加和优化细化规定，要精准反映本地的特殊性。由于中央要统筹规划全局，可能有些法律规定与地方当地实际情况不太相符。为了使法律法规与地方现状相配套，地方在制定地方性法规时要结合当地实际情况，具体问题具体分析，在不与上位法相抵触的情况下，可以有所创新，细化和完善地方性法规。同时要提高地方立法人员的能力，加强地方立法人才队伍建设，还要建立有效的沟通机制，听取专家与群众的意见。

2. 完善水价制度

目前，由于我国水资源市场法律体系尚不完善，对于水权的分类也不够明晰，因此我国的水价制度体系存在问题。水的供求与价格互相影响，制定的水价必须能够具有促进节约用水及调节供需的作用，而我国水资源人均占有量少的客观事实决定了我国应该推行水资源市场化，用市场杠杆来让人们自发地形成节水意识，而市场必然是离不开价值规律的。具体而言，水价的制定应该体现出水资源的稀缺性，促进水资源的可持续利用。一个合适的水价定价机制，需要以市场为基础，同时政府对于水价应该进行相应的指导，使其能在反映稀缺性的前提下体现市场对于水资源的供需关系，既能促进水资源的合理运用，又能保护广大消费者的承受力，还能兼顾供水企业的利益。在这一点上可以借鉴日本的做法，取其精华，日本通过《河川法》对水权进行分类，对不同用水目的的水权采用不同的定价机制，并通过高水价来影响人们对水的供求从而达到节水的目的。

3. 完善水资源市场立法机制

对于灌区水资源市场法律制度建设，政府应该体现出宏观调控的理念，通过完善水资源配置的相关政策兼顾效率和公平，同时对于水资源市场方面立法的空白，要加快完善相关立法的脚步，规范水资源交易市场，促进灌区水资源市场的健康高效发展。

对于灌区水资源市场法律制度的建设，一是必须遵守宪法、法律至上的原则。我国需要通过制定法律法规来对水权进行明晰的界定，这将有利于规范水资源市场，保障每一位交易人的交易安全。二是必须强化政府对水资源市场的监管。一方面，国家可以设立相应的监管实施办法，提供方向性的指引；另一方面，地方政府响应国家的号召，结合本地实际监管情况提出监管建议，经过法定程序上升到监管法律的完善中，通过不断的研究与摸索，切实有效地为我国水资源市场建设提供监管制度保障。三是必须对不同地区不同用途用水进行调研，统计年用水量的差异，并精准地对水资源进行再分配，可以模仿美国的"水银行"制度，可以考虑制定水交易机构的相关法律，建立自己的水资源管理机构，由国家进行宏观调控，对于多余的水可以回收，并卖给这一年度缺水的地区，这样不仅可以优化水资源的配置，而且也提升了人们的节水积极性。

（二）水资源调控执法完善

1. 加强水资源管理机构建设

一个完善的水资源管理机构必然需要一个相对成熟的水资源法律体系，所以，建立完善的水资源管理机构是灌区水资源合理调控的前提，正是有了规范的管理机构，才能合理、适当地调控水资源，从而促进水资源的可持续发展。在完善灌区水资源管理体制的过程中，需要对我国目前的水资源情况、以往水资源管理机构的运行状况，以及我国当前的政治经济体制进行综合考虑，不能对西方的水资源管理制度完全照搬，需要去粗取精，从而构建适合我国的水资源管理体制。

同时，在强化灌区水资源管理机构组织时，要始终将国务院水行政主管部门放在主导地位，由其规划统筹全国水资源的管理和监督工作，其他相关部门要听从其指挥配合其工作。要落实流域水资源的统一管理模式，强调水资源的重要性，确立流域水资源管理机构的法律地位，完善职责范围，厘清水资源管理办法，切实提高水资源管理能力。

2. 加强流域水资源管理

在现阶段，我国对水资源应以流域为一个整体来进行相应的管理。就流域治理而言，河湖都是跨省的，甚至不止跨越一个省，以河长制为例，河长制中省级为最高级别的河长，若省级河长之间发生了责任重叠情况，由于没有共同上级，当协商无果时，往往会陷入僵局。因此，成立必要意义上的流域管理机构，确保其独立的法律地位，对流域内的水资源管理机构统一管理、综合协调是有必要的。

目前，我国流域管理的职能发挥不够，因此，一方面，应制定流域综合管理办法，进一步细化流域管理规定，明确流域与行政区域的管理范畴，避免流域水资源被纵向分割，同时也要逐步确立流域管理机构的主导地位，避免出现职权割裂或者职责范围重叠的弊端，确保实现流域一体化管理；另一方面，应该在流域上建立完善管理流域的流域委员会，其是独立于行政机构之外的对流域水资源进行统一管理与规划的机构，负责调控协调流域内水资源的管理问题；与此同时，还应设立流域委员会的执行机构，接受流域委员会的指导，该执行机构作为流域管理机构中的办事机构，负责处理流域内有关水资源的事务。但是，也不能将流域管理机构和区域管理机构完全割裂开，应该相互分工、相互协调，使水资源管理体制更加立体、全面，达到 1+1 > 2 的效果。

（三）水资源调控司法完善

近年来，我国对于生态环境的司法保护意识与制度逐步完善。2020 年，我国最高人民法院发布的《长江流域生态环境司法保护状况》白皮书强调，要推进长江流域生态环境协同治理，重视生态环境中司法专门化的完善，加强创新能力，完善司法体制改革。这一要求得到了各地方高级人民法院的积极响应。

1. 树立调控的司法理念

对于灌区水资源司法调控的完善，要在思想上树立调控的司法理念。一是遵循自然规律。对水资源的调控措施始终是建立在最大限度保护自然生态的基础上的，要正确认识流域水资源的自然特点并加以规划，使其更适应当下的发展。二是坚守保护为先，不能以牺牲水资源环境为前提去发展经济，要正确理解生态环境与经济发展是相辅相成的，保护环境就是为了可持续发展。三是促进绿色发展，要树立绿色发展的理念，在司法中也要把绿色理念贯彻落实。四是注重区域协同，要着力推动水资源司法调控，构建区域合作的新局面。

2. 推进环境资源法庭建设

环境资源法庭对流域水资源案件来说能够提升审判的专业性和科学性，不仅可以使水资源得到更全面的司法保障，而且可以有效地防止地方政府忽视流域水资源整体性的问题，还能跨区域协作使审判更加科学化、合理化。因此，可以通过发布典型案例的方式，在重点流域法院之间召开对典型案例的分析会议，开拓跨区域协作，逐步完善我国流域司法协作机制。典型案例代表着当今社会的主流价值观，可以起到参考和引用的作用。环境资源法庭通常在跨行政区划、三审合一、集中审理的新模式下进行环境案件的审理，各级法院发布典型案件，可以统一司法裁判尺度，快速地为法官审理环境案件提供有益的实践经验。

同时，还需要培养专业人才，水资源案件的审判人员往往需要多个学科知识的积累，对其专业素养和综合素质要求很高。环境资源法官的审判能力和综合素养往往会影响环境资源法庭审判的公正与合理，因此，在选任法官方面应以复合型人才为先，要重视环境司法人才的培养与遴选，将后续教育和职业发展列入计划要求。还可以仿照澳大利亚新南威尔士州土地与环境法院的成功经验，在法庭中设置技术专家委员会来增强审判的专业性。毕竟，水资源案件往往涉及环境污染的鉴定问题，其中包含生物化学、环境监测等方面的问题。比如，多个化工厂向河流排污，怎么去确定是哪家化工厂需要承担更重的污染排放责任，对于其他化工厂的责任如何去分配，分配的依据又是什么，如果仅凭审判人员可能并不能得到正确合理的审判。因此，环境资源法庭可以常设专家委员会以便审判人员咨询，从而做出科学合理的审判。

（四）水资源调控法律监督完善

1. 内部监督

（1）加强政府监督

水资源是一种极其重要的资源，因此对于灌区水资源管理机构、水资源市场建设等都应该完善相应的监督制度。政府需要完善相应调控措施使水资源价格处于一种相对稳定的环境之下，水资源只有在相对稳定的价格之下，才能够被更好地监管，从而真正实现提高用水效率这一根本目标。因此，政府应该加强监督管理，尤其是对于水资源市场的管理，为了避免垄断和不正当竞争，政府应该完善其对水权价格的监督责任，由水行政主管部门主导，负责本辖区内水价设定、交易执行情况的监督，对随意哄抬水价或扰乱水资源市场的行为给予相应的处罚，使水资源市场能够在规范安全的环境下运行。

（2）完善问责机制

一是要完善相关法律规定。我国在灌区水资源监督问责方面的立法尚属空白。因此，应该出台一部关于灌区水资源监督方面的立法来填补目前监督的不完善，对监督的方式、范围等进行明确规定，使灌区水资源相关管理部门有法可依，能够依据法律来履行监督职责。

二是要完善问责制度的启动程序。要明确出现什么样的失职事由便可启动问责程序，对于问责调查时间、调查结果都应该有相应的明文规定，最终根据调查结果来决定是否处罚，这样可以极大地提高问责机构的办事效率。

2. 外部监督

（1）完善水资源信息公开制度

我国对灌区水资源监督意识的宣传和培养较为缺乏，公众对水资源的监督问责机制也不甚了解。究其原因，主要是未构建起高效便民的水信息监督平台，从而严重限制了社会公众的参与。虽然规定了相关的信息公开和共享制度，但是并没有一个科学合理的平台或方式让群众、企业和其他组织了解相关的政策规定与政府行为。关于灌区水资源的信息公开力度较小，公开内容不详细，使得社会公众可利用的信息资源有限。

因此，要想完善外部监督，应首先完善我国灌区水资源信息公示制度：一是整合现有的各类水资源信息，解决水资源信息不完整、分散管理的问题；二是随着 5G 网络的普及，对重点河流流域进行"云监督"是可行的，这样可以拓宽水资源信息公开的途径，企业和公众可以通过网络或者媒体对水资源进行全程监督，同时获得自己所需要的水资源信息，政府也可以通过信息公开自我监督，提升政府的公信力。

（2）加强公众参与

政府应该为社会公众营造一个规范的问责环境，积极引入社会监督，实现外部监督与内部问责并行，这样可以促使灌区水资源调控走向更加高效的道路。水资源调控若是缺少公众的介入，则必将缺少必要的监督。

首先，应该保护公众参与社会监督的权利，继续不断建设和完善我国的监督问责体系，《中华人民共和国环境保护法》（以下简称《环境保护法》）已经将公众参与写入其第五章条款中，由此可以看出公众参与对于国家水资源治理的重要性，因此应该加大公众参与监督的力度。

（3）推行"公众参与式行政"

"公众参与式行政"是指社会公众可以平等主体地位参与到水资源管理中来，行政机关主持相关会议，在会议中认真听取公众代表的意见和建议，进行良性互动，以此开展一系列的决策、执法等活动。因此，一方面，要建立完善的公众参与对话平台，能够使公众的意见和建议切实传达到行政机构中来，实现公众的常态化监督；另一方面，除了听取普通大众的意见，还应该时常举行学术研讨会，邀请各界专家学者参与，来为灌区水资源管理的合理高效运行出谋划策。

三、加强引黄灌区水环境保护

（一）建立统一的水环境保护政策

面对不同地区、各个省市对灌区水资源利用与水环境保护的不同做法所导致的不同结果，在进行灌区水资源利用及水环境保护的过程中，需要有统一的政策作为支持。要充分协调好不同部门之间的利益及利益趋向，并做好各个部门之间的有效沟通，明确不同管理部门的管理职责，通过统一的政策来凝聚管理部门的向心力，提高相关工作的执行效果。在制定政策时，要保证政策本身的可操作性、权威性、全面性、针对性，从而为引黄灌区水资源合理利用及水环境的保护奠定良好的政策基础。

（二）完善水环境保护法律法规

在环境保护方面，我国有《环境保护法》等法律法规的支持。同样，对水环境进行保护时，也需要有完善的法律法规加以保障。目前，我国相对缺乏与之有关的法律，导致一些工作缺乏有效的法律依据。要积极学习发达国家的经验，结合我国国情，打造完善的法律体系。比如，美国各州在保护水环境方面出台了相应的管理办法，这些法律法规具有很强的执行力度。我国还需对与水环境保护相关的法律予以补充，填补法律规定中的空缺，弥补法律漏洞，有效预防和打击违法行为。因此，各引黄灌区要结合自身的实际情况制定相应的法律法规，体现出内容的针对性，维护法律的权威性，使水环境保护工作具有法律支持。

（三）完善水资源保护机制

随着社会的发展，灌区水资源的保护更加需要引起人们的重视，需要制订长远可行的计划，科学利用水资源，全面开展对水资源的保护。而这种保护需要从长远的角度出发去思考，需要精准细致的战略性规划，在多角度全方位解决当前出现的相关问题的同时，还要对未来的发展进行展望，制定完善的污染管控规章制度，对水资源保护的相关知识进行大力宣传，从专业技术的角度进行思考和管理，加大法律约束和监管的力度，不断完善水环境管理体系，为水环境的未来良好发展保驾护航，推动引黄灌区的可持续性良好发展。

（四）加强地表水保护

地表水水质是指地表水体的物理、化学和生物学的特征和性质，主要受气候、下垫面、人类活动所影响。宁夏的气候、植被、地貌存在明显的地带性规律，自南向北，气候为半湿润、半干旱、干旱；植被为森林草原、干草原、荒漠草原、荒漠；地貌为黄土丘陵沟壑、中部干旱区、北部人工绿洲。天然水质的地区分布规律基本上与下垫面、地貌条件相适应，天然水质变化多样，地区差异大。由于宁夏总体上为干旱地区、成土母质含盐量高，因此高矿化度的苦咸水分布广泛。近年来，由于人类活动影响剧烈，工业化与城市化进程加快，污水排放量每年以 $6\% \sim 8\%$ 的速度递增，环境污染加剧。

1. 推行清洁生产

应紧紧围绕改善质量、节能降耗、防治污染、提高传统产业整体素质和市场竞争能力的目标，加快推广清洁生产工艺和技术。

应紧密结合区域经济结构调整，依法关闭产品质量低劣、浪费资源、污染严重、危害人民健康的厂矿，淘汰落后设备、技术和工艺。应把调整产业结构与水资源利用、水环境保护结合起来，制定相应的环境保护政策，限制高污染企业的发展，鼓励企业进行清洁生产工艺的应用，从源头杜绝污染的产生。应引导乡镇企业向低污染、高附加值的发展方向转变，减轻工业化给水环境带来的压力。

2. 坚决削减污染物排放总量

应根据各水功能区排污总量控制的要求和工业污染源承担的污染物削减责任，采取综合治理措施，防治水污染。应巩固和提高工业污染源主要污染物达标排放成果，所有工业污染源排放的主要污染物必须达到国家或地方排放标准。应实施污染物排放全面达标工程，对污染负荷占全区工业污染 80% 的重点污染源，实现污染物排放全面达标，重点污染源排放的各种污染物要达到国家或地方排放标准。

应实施污染物排放总量控制定期考核和公布制度。要全面实施排污申报登记动态管理，推行污染物排放许可制度，基本建立起重点污染源污染物排放监督、监测、监控系统。

3. 做好城市水污染防治工作

应按照"节流优先、治污为本、科学开源、综合利用"的原则，做好城市节水和水污染防治工作，重点保护城市饮用水源。应组织编制城市水污染防治规划，划分水环境功能区和生活饮用水地表水源保护区，实行水污染物排放总量控制和排污许可制度。应加快城市生活污水和工业废水处理设施建设，包括加快论证和建设城市集中污水处理厂、积极推广居民小区污水处理设施建设、加快排污管网改造进度。应积极推行清污分流措施，进一步削减水污染物排放量。应提倡污水资源化和中水回用。应采用截污、治污、清淤等措施保证城市生态用水、加快水体交换、保护城市湿地，使城市地表水按功能达标。

4. 加强对入河排污口的管理

应严格限制排污口的设置，加强排污申报制度的管理，建立排污监测信息系统。排污口附近的"混合区"水质一般不能满足水功能区的水质要求，其设置必须取得排污许可证。混合区范围应尽可能小，不能危害饮用水源，不能因此而造成不可恢复的环境损失，也不能因此而忽视可行的处罚措施。还应在水资源监测、遥感信息技术、水资源及洪水预报等非工程措施的基础上，建立排污监测信息系统。

5. 加强地表水水质监测

地表水水质监测为地表水水质规划及水功能区管理服务，其主要目的是检验地表水水质保护工作的进展情况。环境保护部门应根据保护措施的需要设置水质监测站点，提出站网建设规划。

水功能区内水质监测断面（监测点）根据水功能区划具体情况设置，如河流长度、宽度，湖库水域面积、水文情势、入河排污口的分布及水质状况等。设置的水质监测断面（监测点）应能反映水功能区内的水质状况。水质监测站点的监测项目根据水体现状、功能区使用功能、相应的水质标准及水体的基本特征而定。

确定监测频率时主要考虑以下原则：水质较好且较稳定的区域监测频率较低，反之，监测频率较高；受人为活动影响较大的区域监测频率较高，反之，监测频率较低；功能要求较高的区域监测频率较高，反之，监测频率较低；用水矛盾较大且易发生纠纷的区域监测频率较高，反之，监测频率较低。

除地表水水质监测外，还应定期对水功能区排污口的污染物质进行调查和监测。

应加强污染事故应急处理系统及信息能力建设，有针对性地开展一些操作性强的应用研究，并建立地表水水质保护示范工程。

（五）加强重点区域保护

为了有效提高灌区水资源的利用率及实现对水环境的进一步保护，应当加强对重点区域的保护，特别是对水源地的保护。相关部门在展开饮用水水源地保护的过程中，需要对其进行合理的区域划分并明确所保护区域的边界范围，规范相关保护的措施和行为，对区域内存在的违法设施、排污口等进行全面清除，以消除区域内的水质安全隐患。与此同时，需要对各个水源地附近的排污管道、油气管道等各种可能引起水质污染的管道进行监督管理，利用先进的设备进行污水排放的监测，将其浓度控制在合理范围内。此外，要定期对饮用水的水质进行检测，特别需要对出厂水、管网水、水源地的水进行检测，要保证水源地水环境的质量。

（六）合理设定生态流量

要对河道的生态流量进行合理设定，以既能有效控制河道的减水程度，同时又能防止河道脱流为设定原则，要充分发挥出河道的生态修复功能。相关部门在开展工作的时候，应当对区域内各个河道的生态流量进行科学化设定，并将其作为流域水利调度、水量生态调度等各个工作的基础和依据，在此基础上逐步开展水电站下泄流量在线监测，对与河道生态流量相关的各项参数进行有效监控，逐步建立更加完善的生态流量动态化监控系统，对生态流量的变化情况进行实时监测，为水资源的合理利用及水环境的保护提供技术支持。现阶段我国河道内生态环境流量的计算方法有很多种，如水文学法、水力学法、整体分析法、栖息地模拟法等，在上述 4 个大类中又可以分为多种小类，如流量历时曲线法、河道湿周法、河道内流量增加法、模块法、变化范围法等。

（七）加强城市地下水管理

为加强城市地下水的开发、利用和保护，保证城市供水，控制地面下沉，保障城市经济和社会发展，城市地下水的管理应当遵循全面规划、合理开发、科学利用、严格保护的方针，并坚持采补平衡的原则。城市建设行政主管部门应当根据流域或者区域水资源综合规划编制城市地下水的开发、利用和保护规划。

城市地下水超采区，不得再新增水源井，应当有计划地调整和淘汰原有部分水井，逐步实现合理布局。城市地下水未超采地区，应当严格控制水井间距，防止采补失调，影响生态环境。取用受污染的浅层地下水作为非饮用水的单位和个人，必须采取保护深层地下水的措施。

四、加强引黄灌区水资源安全控制

水资源的可持续利用已成为我国经济社会发展中的重要战略问题，相关部门应该加大管理力度，合理调控以维持水资源的供需平衡。现实情况迫切需要我们改变以往粗放的用水方式，规范全社会用水行为，加大重点行业、重点地区的节水力度。

目前引黄灌区灌溉用水矛盾突出，对于节水和增产的需求比较明确。水资源不足已越来越成为严重的制约瓶颈，灌区农业是用水大户，也是节水最具潜力的行业，节水灌溉是促进水资源高效利用和现代农业发展的重要举措。为此，下面提出几点措施以供参考。

（一）严格执行节水政策

将"先节水后调水，先治污后通水，先环保后用水"的原则贯穿到灌区的建设和运行中去，持续改造灌区、推动灌区节约用水，为灌区引水量的保障奠定基础；严格按照区域水资源"三条红线"（水资源开发利用控制红线、用水效率控制红线和水功能区限制纳污红线）进行水量配置，建立指标体系精细化控制用水总量。

灌区引水服从黄河引水"丰增枯减"的原则，当黄河来水条件发生变化时，应实时调整引水规模，严禁超指标用水，要避免工程引水对黄河下游水量及用水户造成较大影响。应把节约用水、高效用水放在灌区现代化改造的优先位置，建设现代节水型灌区。应严格落实用水总量控制和定额管理制度，加快实现从粗放用水向节约、集约用水的根本转变，不断提高用水效率和效益，形成有利于水资源节约利用的空间格局、产业结构、生产方式和消费模式。

（二）地下水超采治理

针对浅层地下水超采区域，首先要调整农作物的种植结构，开展适水农业；其次要抓高效节水示范区的建设，全方位进行农业高效节水灌溉；再次可根据实际情况对土地实行轮耕轮休，减缓对地下水的过量开采；最后可将区域居民生产生活废水集中统一处理，达标水量可用于中水回灌。针对深层地下水超采区域，可推广节水技术和工艺，减少单位产品耗水量，建议企业节水减排，对水资源进行循环利用，尤其是对工业水和废污水进行重复再利用；对公众宣传普及节水的政策和方法；加大对再生水的使用程度，贯彻"能用尽用"原则。

（三）将灌区看作小流域来综合治理

从流域层面讲，将灌区整个生态环境看作小流域来规划治理，能够提升灌区的生态生活环境，推动灌区的可持续发展。

1. 治理水污染，保障水质

针对灌区水污染问题，最能维持生态平衡、彻底治理的方式就是对被污染的水资源进行无害化处理。在无害化处理过程中，建立水污染处理系统对处理水污染成效极高。

对下游水体截流处理可保护下游水体免受污染破坏。污水无害化处理是当下解决水污染问题最实用的办法，可有效维护生态平衡。水污染防治的相关措施要切实落实，要有针对性地治污以保障输水水质的要求，避免引水过程中发生二次污染；在工程建设和运行中要时刻落实环境保护措施，确保工程正常运转，发挥工程应有的社会环境效益。工程引水和输水过程要严格把控水污染问题，加大力度整治灌区上游污水处理厂的污水排放问题，优化产业结构，改善地表水环境，确保输水水质达到标准。

2. 加大对非常规水资源的利用

灌区内非常规水资源主要有雨水、中水、再生水（经过再生处理达到使用标准的污水厂尾水）等，这些水源的特点是经过处理后可以再生利用。例如，大功引黄灌区水资源较为紧张，为缓解用水矛盾，按照国家节能减排的发展方针，应该积极发展污水厂的再生水回用工程。再生水的开发利用，一方面可以有效缓解水资源紧缺的矛盾，另一方面可以减轻污水排放对环境造成的污染。灌区管理人员应高度重视非常规水资源利用，要进一步推进雨水、中水、再生水等非常规水资源的再生利用。

（四）构建水资源安全评价指标体系

1.评价目的

水资源安全概念非常广泛，涵盖自然、社会、经济及人文等方方面面，无法用简单的一两个指标来指代水资源安全的全部内容。因此，若想科学全面地对水资源安全进行度量，分析判断其中存在的问题，就需要建立水资源安全评价指标体系进行综合评价。

2.构建原则

水资源安全的核心是要实现人与自然的和谐发展，因此，水资源安全评价指标体系也必须体现这一思想。由于水资源安全涉及面极其广泛、极其复杂，当我们对其进行评价时，就需要构建水资源安全评价指标体系，借助该指标体系来达到目的。组成该指标体系的元素必须能反映出存在于水资源安全系统中的方方面面的问题。水资源安全评价指标体系的构建，除要遵循上述基本原则外，还应遵循以下几方面的原则。

①科学性原则：遵循科学、可持续发展理论来定义和计算指标。

②完备性原则：所选取的指标不仅应涉及经济社会和人口、生态环境与资源等系统层面的指标，而且必须能够折射出以上各个系统的相互协调程度。

③动态性与静态性相结合原则：所选取的指标不仅要能够展示系统发展的状态，而且要能够体现系统发展的过程。

④定性与定量相结合原则：选择指标时应尽可能地选择定量指标，一些重要的非定量指标可定性描述。

⑤可比性原则：尽量选择名称准确的、有具体概念的指标，所构建的指标体系可以类比于相似研究区域的指标体系。

⑥可操作性原则：指标体系要充分考虑资料的来源，做到每一项指标都有其准确的数据支持。

⑦全面与实用性原则：选择指标体系中的指标时要综合考虑可能受影响的所有因素，然后在这个基础上来选择指标，要结合具体研究区域的特性来构建一套实用的完整的指标体系。

3.体系结构

本节综合分析水资源安全的评价目标，严格遵从指标体系的构建原则，采用树形结构构建指标体系，分三层（目标层、准则层、指标层）来构建大功引黄灌区水资源安全评价指标体系。

目标层（A），即水资源安全评价的总体目标。针对实例，水资源安全评价的总体目标是描述和衡量灌区的水资源安全状况，为实现提高灌区的水资源安全水平提供一些决策的依据。

准则层（B），即指标体系的次要层次。本节结合研究对象，综合考虑指标体系建立的原则，并针对灌区的特点，以灌区内"经济社会－水资源－生态环境"复合系统之间相互作用关系为切入点，建立了三个准则层，分别为经济社会安全层、水资源安全层和生态环境安全层。

指标层（C），即指标体系中最基本的要素层，由一些能够度量水资源安全的指标所构成。目标层表达的是水资源安全的综合安全度，目标层由准则层构成，准则层由若干具体指标构成。

（1）经济社会安全层

经济社会安全层要实现的目标：保证使涉水灾害对社会造成的损失降到最低限度，保障社会稳定；保障经济稳定增长，提高用水、节水效率；保证粮食能够满足不断增长的人口需求，不能因水的问题而影响了灌区经济的可持续发展。本层选取的指标如下。

①平均城镇化率：反映灌区现阶段社会发展水平。

②人均GDP：反映灌区整体经济状况水平。

③万元工业增加值用水量：反映灌区取得一定量的工业增加值所消耗的水量。

④农村人均生活用水定额：反映灌区居民用于生活目的所消耗的水量的标准。

（2）水资源安全层

水资源安全层要实现的目标：保证灌区水资源供需的平衡，不致因水资源的缺乏而影响了灌区的可持续发展。本层选取的指标如下。

①平均年降水量：反映灌区多年降水量的平均值。

②灌溉水有效利用系数：反映各级输配水渠道的输水损失，表示整个渠系水的利用率。

③人均水资源可利用量：反映灌区内可利用水资源量的程度。

④水资源开发利用率：反映灌区内水资源开发利用的程度。

⑤缺水率：反映灌区内需水量与可供水量的差值情况。

（3）生态环境安全层

生态环境安全层要实现的目标：维持水生态系统健康，保护水环境免受污染。本层选取的指标如下。

①浅层地下水超采率：反映灌区内水资源开发利用对生态环境的影响。

②生态环境用水率：反映灌区内生态系统对水资源的需求情况。

③有效灌溉面积率：可衡量灌区内农业生产单位和地区水利化程度和农业生产稳定程度。

参考文献

［1］张治晖，杨明，常晓辉，等. 引黄灌区泥沙治理与地下水开发新技术［M］. 郑州：黄河水利出版社，2010.

［2］雷宏军，刘鑫，潘红卫. 引黄灌区水资源合理配置与精细调度研究［M］. 北京：中国水利水电出版社，2012.

［3］蒋如琴，曹文洪. 引黄灌区泥沙研究［M］. 北京：中国水利水电出版社，2012.

［4］薛联青，王加虎，刘晓群. 流域水资源演变的生态水文响应机制［M］. 南京：河海大学出版社，2012.

［5］黄福贵，罗玉丽. 灌区引水对黄河干支流水沙影响研究［M］. 郑州：黄河水利出版社，2012.

［6］李勇，田勇，张晓华，等. 黄河中下游中常洪水水沙风险调控关键技术研究［M］. 郑州：黄河水利出版社，2013.

［7］杨世琦，杨正礼. 宁夏引黄灌区农田面源污染控制农作技术研究与应用［M］. 北京：中国农业科学技术出版社，2014.

［8］左忠. 宁夏引黄灌区农田防护林体系优化研究［M］. 银川：宁夏人民教育出版社，2016.

［9］陈卫宾，宋海印，张运凤. 水土保持措施水沙效应模拟及结构优化研究［M］. 郑州：黄河水利出版社，2017.

［10］尚梦平，卞玉山. 黄河下游山东灌区泥沙系统治理研究［M］. 郑州：黄河水利出版社，2017.

［11］张鹏岩，秦明周. 基于引黄灌区土地变化的可持续性评价研究［M］. 北京：科学出版社，2018.

［12］张金霞，张富，曹喆，等. 甘肃黄土高原侵蚀沟道特征与水沙资源保护利用研究［M］. 郑州：黄河水利出版社，2018.

［13］屈忠义，刘廷玺，康跃，等. 内蒙古引黄灌区不同尺度灌溉水效率测试分析与节水潜力评估［M］. 北京：科学出版社，2018.

［14］王普庆，江恩慧，张庆霞. 引黄淤灌效益与灌区泥沙资源化模式研究［J］. 人民黄河，2010，32（12）：143-144.

［15］亓麟，王延贵. 黄河下游引黄灌区泥沙分布评价与配置模式［J］. 人民黄河，2011，33（3）：64-67.

［16］许晓华，田金燕，杨明，等. 黄河下游引黄灌区泥沙处理模式研究［J］. 水利科技与经济，2012，18（2）：7-8.

［17］王超，鲁文，朱燕，等. 山东省引黄灌区泥沙属性与处理利用研究［J］. 水利科技与经济，2013，19（7）：6-7.

［18］王世鹏，解刚，王伟，等. 黄河下游引黄灌区泥沙长距离输送的关键技术［J］. 水利科技与经济，2013，19（2）：4-5.

［19］赵亚永，安玉锁，刘亮光. 引黄灌区泥沙治理及其综合利用［J］. 商，2013（2）：261.

［20］田庆奇，卢健，史红玲. 黄河下游引黄灌区发展及泥沙治理历程探讨［J］. 中国水利，2016（1）：36-38.

［21］毛潭，张勇杰，张广涛，等. 引黄灌区泥沙处理与利用技术发展现状及分析［J］. 科技视界，2016（10）：65.

［22］许生原. 关于引黄灌区泥沙资源利用的探讨［J］. 价值工程，2019，38（34）：188-190.

［23］潘自林，王永平，鲍子云. 宁夏引黄灌区农田退水现状及治污技术模式研究［J］. 宁夏工程技术，2020，19（4）：314-318.

［24］王超. 浅谈宁夏引黄灌区节水灌溉的措施［J］. 农村实用技术，2020（12）：185-186.

［25］王锐. 浅谈宁夏引黄灌区高效用水关键技术［J］. 陕西水利，2020（11）：81-82.

［26］刘宁. 黄河下游引黄灌区渠系工程技术问题分析［J］. 河南水利与南水北调，2020，49（9）：40-41.